喵主子的「安奈條列式」

主子心深深深深如海底針，
忘情吸貓前的職前訓練需知

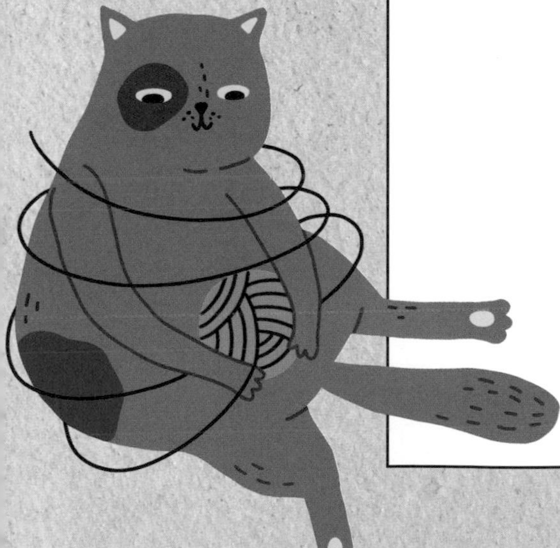

圖/文
金惠主 著

編審/諮詢
車鎮源
獸醫師

總編輯
于筱芬

作者序

大家好，我是灰灰、袋袋、面紙、牙籤的管家－金惠主。

曾害怕貓咪的我，不知不覺竟已經過了8年的貓咪管家生活，實在是驚人的啊！原先我家只住人，來了新的生命體(？)，我的生活也產生了許多變化。將貓咪的故事每天做成影片，四處飛揚的貓毛也已成為無關緊要的日常。工作量增加，每月的固定開銷也不容小覷，而這也才瞭解到照顧流浪貓的生活有多麼艱苦。貓咪成為家人的瞬間，也開始看見之前不感興趣的其他視野，連生活型態也有所改變，並成為我人生中的重要存在。要是沒有貓咪，也沒辦法寫出這麼有趣的書，對我來說，與貓的緣份讓我更加珍惜。

唯獨對我們家老大灰灰，總是感到抱歉與虧欠。因為當時是新手管家時期，有太多不懂的地方，而且誤試了許多錯誤的資訊。當我更加瞭解後，也能聰明處理時，對他就感到後悔和遺憾。沒有人會希望自己的貓咪，因為自己的關係不舒服或是情況變得不佳，「我家的貓現在幸福嗎？該怎麼做我家的貓才會幸福呢？」有這種煩惱的你，表示已經有成為一位好管家的充分準備。我分享的經驗談，哪怕只是一點點，希望也能對所有管家和貓咪們的幸福日常有所幫助。

《喵星人管家業務日記》不是只有單純的貓咪資訊。從和貓咪最初的相遇，到長時間的離別，這過程，所有可能發生的故事和管理技巧，都寫在裡面。在小知識單元，透過車鎮源院長傳授正確的知識，能獲得更有益的資訊，一解大家心中的好奇。再加上，附上紀錄貓咪的健康狀態、紀錄珍貴瞬間的日記本在內，是本與家貓同居的人，都能產生共鳴的書。

Thanks to...

出版社編輯，相信給予愛畫畫、卻從未畫過漫畫的我，這麼好的機會；以及給了我正確知識的車鎮源院長；還有喜愛我家貓咪的線上管家們，最後，總是在我身後支持我、幫助我的老公－金慶元先生，感謝你們。

也要謝謝全世界的貓咪，讓我認識到另一種幸福。

幸福的貓咪管家

김예주

Contents

Part 1

養貓新手上路

CATS
CATS

Part 2

貓咪伙食

Part 3

喵的日常生活

Part 4

健康的貓咪

Part 5

乾淨的貓咪

Part 6

貓咪購物趣

Part 7

流浪貓插曲

Part 8

老年和離別

Preview

#主題
包含貓咪成長
的過程經歷的
所有情況

#KNOW HOW
現職管家所傳授
的小知識情報
都能一目了然

#1 貓咪真冤枉
01
理解貓咪
喵嗚～
叫聲好可怕……
我不懂詛咒是什麼……？
哦～是小偷貓
咳唷
唉唷～我不是小偷呀……
好……好可怕
過去害怕貓咪的我
不知是否小時候聽到故鄉的貓叫聲印象太深刻？還是……因為野貓在翻廚餘的樣子感到難親近？以前通常提到貓咪，都會浮現不祥的徵兆。這麼可愛的朋友，我竟然足足誤解牠25年之久。其實貓咪相當聰明，也是相當親人的可愛動物。
我們比想像中的還要不錯喵喵！
註：「傳說中的故鄉」是韓國鬼片
10

#小插曲
將貓咪和管家的日常
畫成四格漫畫，不僅
引起共鳴，還能更加
瞭解貓咪。

#好想知道

SBS TV動物農場諮詢獸醫師車鎮源院長，馬上指正管家們對於貓貓或知識的誤解時間

#說！說！說！

為了貓咪更高的生活品質，所需資訊和經驗談都分享在這裡唷

動物農場
車鎮元
院長

#貓咪認養時期 #準備物品 #睡眠時間

認養最佳時期是什麼時候？

A 當然是準備好認養的貓咪成為家中一份子的時候，沒做好心理準備就認養貓咪，是相當沒有責任感的行為。

Q 若做好心理準備，何時適合呢？

A 如果要說時期，以季節來說，溫和的春天和秋天為佳。

Q 春天和秋天……是很棒的季節耶！有特別的原因嗎？

A 以季節來說，氣溫差異大，容易因壓力引起疾病。春、秋是較不易發生呼吸器和消化器症狀的溫和季節。

準備認養時需要準備什麼呢？

A 第一，要先有個負責任的心。第二，準備貓窩、飼料、貓砂和貓砂盆等，貓咪必需的衣食住準備。第三，對於貓咪的基礎知識。

Q 責任心、金錢和知識！

A 不能餵食的食物、預防接種的時期等，還有不舒服時需如何處理等基本知識。

Q 緊急時再上網搜尋就可以了吧？

A 嗯……是可以，但不要自行判斷，先至獸醫院諮詢會比較好。

幼貓們的睡眠時間需要多久？

A 一般小貓一天睡20小時，成貓也會睡到15～17小時。

Q 嗚哇……小時候就算了，長大後也這麼會睡喔！所以睡太久也不用太過擔心？

A 身體不舒服也有可能會睡更久，所以確認睡眠時間很重要。

Q 為什麼睡這麼久呢？是……太累了嗎？

A ……蛤？

16

認養貓咪的必需品

零食
CATS
Litter
貓砂
飼料
外出籃
貓砂盆

這些是在認養前一定要準備好的物品。

很多管家外出籃會來不及準備，但為了安全地將貓咪領回家中，外出籃是必備的。抱在手中，萬一幼貓掙脫可是很危險的。

抱枕、貓抓板、玩具等，等到貓咪適應新家後，再慢慢購入就行了。

俄羅斯藍貓 RUSSIAN BLUE

產地	英國、俄羅斯
體型	外國型
毛長	短毛
外貌	藍色的瞳孔、銀灰色的被毛、滿身肌肉的身軀
個性	相當安靜、聲音偏小、溫和親切

機靈的外表，第一眼看起來很驕傲，但其實很會撒嬌，而且個性溫和，是很適合新手管家的品種。

小時候眼睛是黃色的，成貓後就會變成清澈的藍色。

Part 1 養貓新手上路 17

#貓種小知識

給預備管家對於自身要養的貓咪的最基礎必備知識，也可事先瞭解各式各樣的貓種

PART 1

養貓新手上路

01. 理解貓咪
02. 認養準備
03. 認養貓咪
04. 貓咪的第一餐
05. 睡覺的地方
06. 排便訓練
07. 貓咪共居

01

理解貓咪

#1 貓咪真冤枉

傳說中的故鄉
喵嗚～
叫聲好可怕......
我不懂詛咒是什麼......？
哦～是小偷貓
唉唷
唉唷～我不是小偷呀......

過去害怕貓咪的我

好......好可怕

不知是否小時候聽到故鄉的貓叫聲印象太深刻？還是......因為野貓在翻廚餘的樣子感到難親近？以前通常提到貓咪，都會浮現不祥的徵兆。這麼可愛的朋友，我竟然足足誤解牠25年之久。其實貓咪相當聰明，也是相當親人的可愛動物。

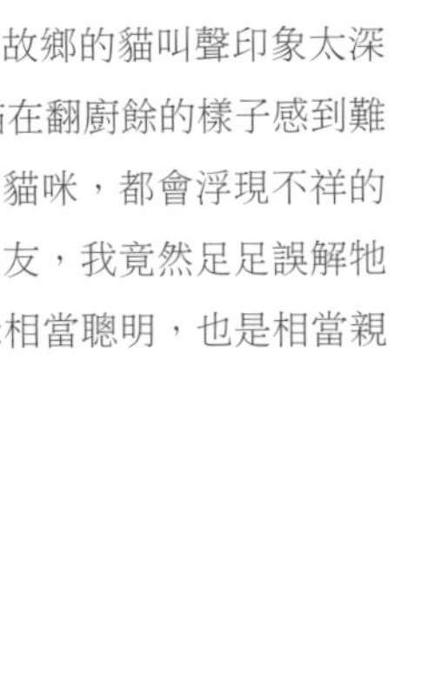

我們比想像中的還要不錯唷喵！

註:『傳說中的故鄉』是韓國鬼片

#2 與貓的初次相遇

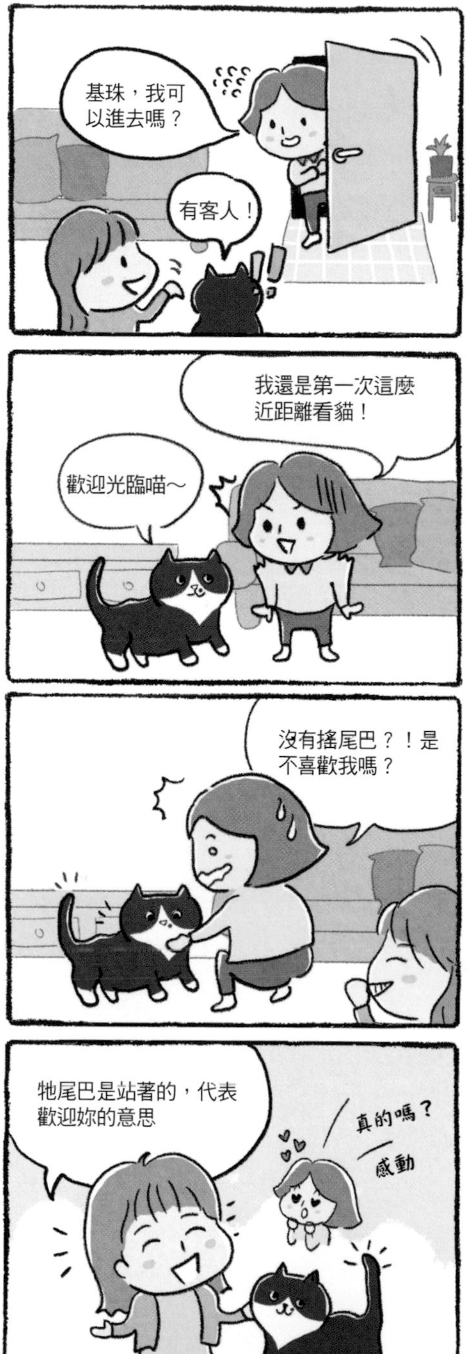

基珠，我可以進去嗎？
有客人！
我還是第一次這麼近距離看貓！
歡迎光臨喵～
沒有搖尾巴？！是不喜歡我嗎？
牠尾巴是站著的，代表歡迎妳的意思
真的嗎？
感動

貓咪和狗狗很不一樣

對於很習慣狗狗開心會搖著尾巴、跑過來找主人的我來說，貓咪的一切是那麼新鮮、神奇。貓咪和狗狗不同，貓咪可以一下就跳到高處，腳指甲會藏在肉球裡。牠們不太聽從主人的話，有屬於牠們自己的表達方式。要領養貓咪之前，事先做好功課是必須的喔！

貓咪愛撒嬌但又有點難親近呢！
裝模作樣

動物農場
車鎮源
院長
有什麼問題
盡量問吧！

#對於貓咪的誤解 #管家 #狗和貓的差異

什麼時候是領養的最佳時期呢？

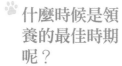

Ⓐ 大部份人認為貓咪是種自私、愛搞神祕的動物，事實上牠們和狗一樣，都很依賴人。而且牠們也是會學習和可被教育的動物。

Ⓠ 這樣看來和狗兒差不多耶！
那麼不同的點有哪些呢？

Ⓐ 貓咪是以地域性為主的動物，與狗不同，比起排序，守護自身地盤的觀念很強。這種地盤爭吵或是排序爭吵的情形經常發生。

愛貓人稱自己為管家的原因是什麼？

Ⓐ 因為貓咪特有的獨立個性，與其說是飼養，更多是服侍的表現。與此關連有一個有趣的英文單字，貓咪的英文是Cat，狗是Dog，小貓叫做Kitten，小狗叫做Puppy，那麼母狗和母貓的英文是什麼呢？

Ⓠ She…?

Ⓐ 哈哈，母狗的英文是Bitch，母貓則是Queen。

Ⓠ Queen？是女王嗎？！

Ⓐ 在貓咪面前，愛貓人會降低自己的身分，任何國家的人都一樣。

聽說狗和貓是死對頭，是真的嗎？

Ⓐ 貓咪的領域本能和狗的排序本能若不衝突，意外地會相處得很融洽。

Ⓠ 我還以為相互靠著睡的照片是幻想……原來是有可能的啊！

與貓的初次相遇，
第一次心動

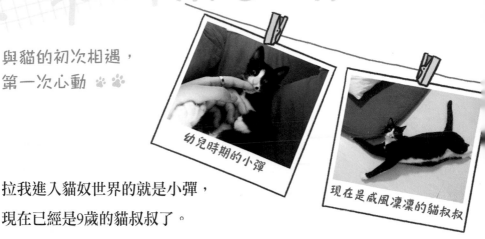

幼兒時期的小彈

現在是威風凜凜的貓叔叔

拉我進入貓奴世界的就是小彈，
現在已經是9歲的貓叔叔了。
很建議大家要養貓之前，先去有養貓的朋友家，
或是貓咪咖啡廳體驗看看喔！

貓種介紹

貓咪的體型種類

貓咪和品種無關，身型幾乎差不多，要以大小做分類有點困難(唯獨大型身軀的貓咪可列為大型貓)。可用毛長來分為「長毛」或是「短毛」，並以臉和身體外貌用來作「體型」的區分。

短毛

長毛

東方型(Oriental)

修長纖細的體型，有著大耳朵、V字臉以及細長的尾巴。

外國型(Foreign)

比東方型稍稍壯一點點，苗條的身軀、寬而挺的鼻樑、小而修長的臉蛋。

半外國型(Semi-Foreign)

介於東方型和粗壯型之間，與外國型相比，有著短而健壯的身軀，臉蛋有點偏圓，但還算是V字臉。

粗壯型(Cobby)

短而圓滾的身軀，扁平的鼻子、短嘴、圓腳。

半粗壯型(Semi-Cobby)

對比粗壯型身軀較長，短小圓滾的身軀、圓圓的臉、鼻子偏扁。

結實型(Substantial)

單純體型大，不矮胖、不圓潤的貓種。有著寬廣的胸部，整體來說是偏大且結實的身軀。

02

認養準備

以認養代替購買！很高興認識你！

某位貓管家的俄羅斯藍貓生了5隻小貓，發文到貓中途咖啡廳粉絲頁，看到文章後我就把灰灰帶回家了。像這樣，從中途咖啡廳認養，或是也可認養在動保團體等待認養的流浪動物。若想領養小貓，建議至少等出生3個月後比較適合，因為讓小貓和母貓相處3個月，有助於小貓的免疫力和社會性的發展。

用愛生的小孩，用錢包來侍奉……

#1 新手管家的瘋狂購物

大家好，我是金惠主！
動物醫院
1樓是動物醫院
這是我與生平第一隻貓咪灰灰居住的套房。
我們家有隻灰毛的貓咪—「灰灰」要入住囉！
"灰灰"是透過貓咪中途咖啡廳相遇的～
認養前的準備 —貓咪的家、飼料、零食、貓砂盆、毛刷、外出籃……
這個月的生活費全花在貓咪上了……
空
空

#2 變成冷血管家！

在回家的路上，幼貓灰灰不斷在車裡
哇哇大哭。
救命啊！
喵喔
喵喔
驚！整個躲到床底下……
妳把我帶到哪裡啊 喵……
雖然很在意你……
但為了你要盡量裝作冷漠
原來此人沒有威脅性
盯
隔天
那來參觀新家吧？
哇嗚！終於出來了
封印解除

等待灰灰自己出來

貓咪為地域性的動物，因此對環境相當敏感。幼貓也是一樣，一帶回家中就會跑到角落躲起來。這時，不要刻意將角落擋住，或是將牠抓出來。只要牠知道這裡沒有威脅性，慢慢地牠就會出來了。足足花了一天，灰灰才從床底下出來。床底下或電視櫃非常適合藏匿，記得事先打掃乾淨喔！

可以一整天都不要理我嗎？
我需要自己的時間

有什麼問題
盡量問吧！
動物農場
車鎮源
院長

#貓咪認養時期 #準備物品 #睡眠時間

認養最佳時期是什麼時候？

A 當然是準備好認養的貓咪成為家中一份子的時候，沒做好心理準備就認養貓咪，是相當沒有責任感的行為。

Q 若做好心理準備，何時適合呢？

A 如果要說時期，以季節來說，溫和的春天和秋天為佳。

Q 春天和秋天……是很棒的季節耶！有特別的原因嗎？

A 以季節來說，氣溫差異大，容易因壓力引起疾病。春、秋是較不易發生呼吸器和消化器症狀的溫和季節。

準備認養時需要準備什麼呢？

A 第一，要先有個負責任的心。第二，準備貓窩、飼料、貓砂和貓砂盆等，貓咪必需的衣食住準備。第三，對於貓咪的基礎知識。

Q 責任心、金錢和知識！

A 不能餵食的食物、預防接種的時期等，還有不舒服時需如何處理等基本知識。

Q 緊急時再上網搜尋就可以了吧？

A 嗯……是可以，但不要自行判斷，先至獸醫院諮詢會比較好。

BANK

幼貓們的睡眠時間需要多久？

A 一般小貓一天睡20小時，成貓也會睡到15～17小時。

Q 嗚哇……小時候就算了，長大後也這麼會睡喔！所以睡太久也不用太過擔心？

A 身體不舒服也有可能會睡更久，所以確認睡眠時間很重要。

Q 為什麼睡這麼久呢？是因為認真賣萌太累了嗎？

A ……蛤？

認養貓咪的必需品

CATS
零食
Litter
貓砂
CATS
飼料
外出籃
貓砂盆

這些是在認養前一定要準備好的物品。

很多管家外出籃會來不及準備，但為了安全地將貓咪領回家中，外出籃是必備的。抱在手中，萬一幼貓掙脫可是很危險的。

抱枕、貓抓板、玩具等，等到貓咪適應新家後，再慢慢購入就行了。

貓種介紹 No.1

俄羅斯藍貓 RUSSIAN BLUE

- 產地　英國、俄羅斯
- 體型　外國型
- 毛長　短毛
- 外貌　藍色的瞳孔、銀灰色的被毛、滿身肌肉的身軀
- 個性　相當安靜、聲音偏小、溫和親切

機靈的外表，第一眼看起來很驕傲，但其實很會撒嬌，而且個性溫和，是很適合新手管家的品種。

小時候眼睛是黃色的，成貓後就會變成清澈的藍色。

03
認養貓咪

只需購買必需品！

懷抱著興奮的心情，用手機上寵物用品網站購物，新手管家因過度熱情，東買西買一大堆，結果卻常常大失所望。貓咪覺得電動玩具類太吵，也會因為感到害怕而閃躲，對充滿陌生氣息的東西，看都不看一眼。先準備好必需品，剩餘的用品，當掌握到貓咪的個性後，再慢慢購入就行了！

那人為什麼這麼
不懂我呢？

#1 熱情滿滿的新手管家

這是為你準備的溫馨小屋！
喵之家！
看來你不懂紙箱的樂趣
笨蛋～
你看！我還買了電動玩具狗！
快拿走
驚嚇
嗶嗶
還要給你刷毛唷！
我目前還用不到……
蓬鬆的毛髮

#2 生平第一次去動物醫院

終於……到了……
貓咪們最討厭的動物醫院……！
動物醫院
咻～ 咻～ 咻～
確認肛門
檢查眼睛
檢查耳朵
咻咻
超快速
喵嗚！
喵嗚！
打完預防針，
結束！
終於
結束了……
必須要再注射 2 次～
3週後回診
我不要
哈哈

帶貓咪去醫院

當貓咪適應環境後，一定要帶牠去動物醫院。除了預防接種，眼睛、肛門、皮膚、耳朵等都要仔細檢查，並確認外觀上的健康。老么牙籤在認養之前，就患了皮膚病。幸虧及早去醫院檢查，就可以及早治療。

出現幻聽了……
喵嗚
喵嗚

動物農場
車鎮源
院長
有什麼問題
盡量問吧！

#貓咪專門醫院 #預防接種

有專門的貓咪醫院嗎？

A 最近飼養貓的人數劇增，也開了許多間專門的貓咪醫院。

Q 是只診療貓咪的醫院嗎？

A 也有只診療貓咪的醫院，也有些是狗、貓診療空間分開。

貓咪等候室

Q 與一般的動物醫院有何不同？

A 沒有令貓咪恐懼的診療台，而是在地上為貓咪看診。或是設有貓咪的專屬等候室，並有專業的貓咪醫療人員。

Q 哇～貓咪的生活品質逐漸提升了呢。

貓咪的預防接種如何進行？

A 出生後2個月起，間隔3～4週接種3次，之後每年定期接種即可。

Q 能預防怎樣的疾病？

A 分為「四合一疫苗」和「五合一種疫苗」，四合一能夠預防單純疱疹、卡里西病毒、貓小病毒、披衣菌，五合一則多增加貓白血病疫苗。

Q 貓咪也必須要注射狂犬病疫苗嗎？

A 貓咪也是恆溫動物，所以必須每年接種1次狂犬病疫苗。

Q 聽說還有心絲蟲……

A 跟狗相比，心絲蟲的發病率雖低，但只要有一兩隻心絲蟲，對貓咪也會致命，故建議接受預防接種。

Q 心絲蟲的預防接種從何時開始較好呢？

A 心絲蟲傳播媒介來自於「蚊子」，每個月最好定時服用心絲蟲預防藥，其實就能避免感染。

會對貓咪造成危險的因子，請事先清除！

CANDLE
✓ 易碎品先收好

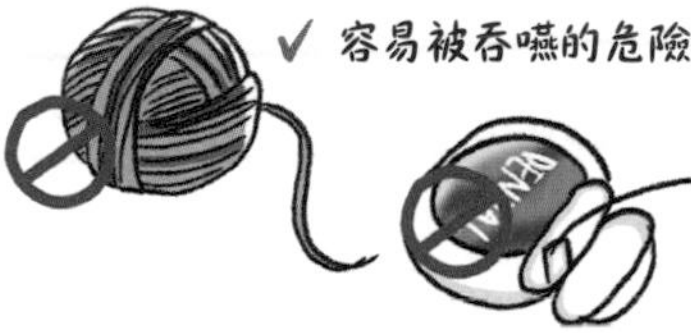
✓ 容易被吞嚥的危險物品請收到抽屜

✓ 馬桶蓋要蓋上

往後要與貓咪生活的日子，建議事先將危險物品移除或收納起來！現在連書桌、洗手槽不再屬於人的空間了，因為貓咪擅長跳到高處。易碎的物品務必收納好，線或繩子等，貓咪可能會吞嚥下去，必須要注意才行。特別是馬桶蓋必須記得要蓋上，不然小貓有可能會掉到馬桶裡面，而成貓是會開心地(？)喝馬桶水⋯⋯

貓種介紹 No.2

暹羅貓 SIAMESE

- 產地　泰國
- 體型　東方型
- 毛長　短毛
- 外貌　藍色的瞳、奶油毛色上的深色重點(耳朵、臉、四肢、尾巴)、纖瘦細長的體型
- 個性　話多，好奇心旺盛，不怕生，親人

外表高貴的暹羅貓（暹羅為泰國王朝的國名），是只有王族才能飼養的貓種。小時候的毛色很淺，長大後色澤愈來愈深，深色範圍變大。對凡事都有著好奇心，很活潑，也被稱為「貓界的比格犬」。相當愛撒嬌，是隻很可愛的貓咪，而且愛說話，會發出許多不同的聲音。毛色有藍色、巧克力色、淡紫色、紅色、海豹色、乳黃色等等。

04

貓咪的第一餐

#1 不懂貓的絕世奇才

貓咪吃什麼呢？
是像漫畫一樣喝牛奶、魚？還是鮪魚罐頭呢？
啊……原來貓咪也吃飼料啊!
CATS
甚至還有幼貓飼料！
KITTEN
嗚哇！超有侍奉貓咪的真實感啦！
給我飯~喵
快遞

幼貓專用的幼貓飼料！

BABY
JUNIOR
SENIOR

貓咪的飼料有幼貓專用、成貓以及老貓專用。若出生未滿12個月，請餵食幼貓飼料，該飼料裡包含成長中的貓咪所需的養分。反之，若成貓吃了幼貓的飼料則容易變胖，必須準備該年齡層適合的飼料。

我是寶寶~
抱抱~
KITTEN

#2 飼料羅蘋？

裝好裝滿的飼料碗和水碗
對新家感到陌生的幼貓灰灰，一躲到床底下就遲遲不出來，也都不吃不喝
雖然很擔心，但必須耐心等待才行……
絕食24小時
隔天
亮晶晶
飼料羅蘋來過了嗎～
裝蒜
小傢伙～看來很餓嘛～呵呵

在貓咪自己過來吃之前，請耐心等候

有的貓咪一到新家也能開心地吃飯，但大部份貓咪則是相反的情況。灰灰過了大半天都不吃不喝，身為管家的我也很擔心。可能對目前的環境還感到陌生，所以需要耐心等候。不過，幾天過去，飼料一口都不吃的話，可能是準備的飼料不合口味，或有可能身體不適，就要盡快到醫院就診。

飯我自己會看心情吃

有什麼問題
盡量問吧！
動物農場
車鎮源
院長

#飼料選擇 #人類飲食

飼料選擇的注意事項有哪些？

A 幼貓、成貓、老貓吃的飼料都不同。近年雖出了款全年齡層用飼料（All life stage），聲稱從貓咪小時候到成年都可以吃的飼料，不過不同年齡所需的蛋白質含量和卡路里皆不同，因此建議餵食該年齡適合的飼料為佳。

Q 飼料要給多少才剛好呢？

A 每款飼料的固定量有些許差異，可參考飼料袋後面寫的建議份量。

Q 因為擔心餵食的量會不夠。

A 一般的貓，平均體重約3到5公斤，一天約需要85克左右的乾燥或半濕潤貓食，或者約170克到230克的罐頭食品。餵食量可能會因為食品的營養密度、每隻貓的個別需求，而出現差異。若是過瘦的話就多給一點點，如果運動量少，且有變胖的情形，視情況調整份量。

可以餵食人吃的食物嗎？

Q 聽說沒有馬上有症狀反應⋯⋯ 應該就沒關係吧？

A 雖然不可能都不餵，但可以偶爾餵一點。

Q 可是牠吃得很開心耶⋯⋯

A 就算吃的很開心，腸胃受不了時就有可能轉換變為疾病。

Q 臉上寫著很想吃⋯⋯

A 若是有味道的食物吃上癮，日後可能就不吃飼料了，這點需多注意。

Q 好的，我知道了。

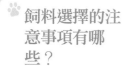

危害貓咪的飲食

咖啡因

洋蔥、蔥、大蒜、韭菜、咖啡、巧克力、紅茶、酒精、葡萄、葡萄乾、酪梨、辛香料等，都是會危害貓咪的食物。會引起嘔吐、腹瀉等症狀，嚴重的話，甚至也有可能有致命的機率。特別是人喝的牛奶，含有貓咪無法消化的乳糖成分，因此會引起嘔吐、腹瀉、胃腸不適。萬一不小心吃了而不適，趕緊打電話至動物醫院詢問適當的解決方法。

夏威夷豆

百合

CHOCOLATE
巧克力

洋蔥

MILK
牛奶

貓種介紹 No.3

波斯貓 PERSIAN

產地	伊朗
體型	粗壯型
毛長	長毛
外貌	圓圓的臉蛋，有著長又厚實的被毛，以及多種毛色和瞳色
個性	安靜，愛狩獵，安靜

全世界最受歡迎的品種，貴氣的外表常令主人引以為傲。因特有的高貴表情，雖然給人感覺嬌氣，不過很文靜可愛。毛髮細柔，所以容易打結，需要每天梳理。因為短鼻扁平，睡覺會發出打呼聲，也很會流淚。先天容易患有腎病，或是肥大性心肌病，是隻管家需要特別留意關心的貓咪。

05 睡覺的地方

貓咪睡覺的地方由貓咪決定

果然貓咪就是貓咪，完全不理會管家想法的動物。心血來潮做的床根本都不睡，貓咪會自己決定睡覺的地方，並在那就寢。瞭解一下自家貓咪喜愛睡覺地方的特性，是舒服的地方？柔軟的地方？窄處？高處？若依貓咪特性準備，或許牠會考慮考慮把你準備的床當牠臥房也不一定喔！

人類不懂我的
睡覺哲學

#1 給灰灰做的新床！

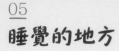

給灰灰做的新床！
在箱子裡鋪上毯子，完成
這是啥？捕捉器嗎？
屋子巡視中
好柔軟、很安全，這床看來是我的了～喵
滿足
不對……那是我的床啊……

#2 臥房貪心鬼

看來把我的床當牠的臥房了真可愛
呵呵呵
隔天
再隔天
曝曬中的棉被
為什麼現在都不睡床上？
你的床到底有幾個啊？

都是我的

不會只在一處睡覺，到處都是我的床

果然，曾是新手管家的我，也以為貓咪像人一樣在床上睡覺，但貓咪會決定好睡覺的地方，然後就在該處睡覺。在牠的活動空間裡，會決定幾個安全又舒服的地方，然後在那些地方睡覺。如:衣櫃下方、洗手台、微波爐上方、電腦鍵盤上等等，這些異想天開的地方也不少。

這房子的所有地方
都是灰灰的臥房

有什麼問題
盡量問吧！
動物農場
車鎮源
院長

#臥房選擇

貓咪喜歡在怎樣的地方睡覺？

A 所有貓咪不見得都喜歡相同地方，有的貓咪喜歡角落，有的貓咪喜歡高處，也有些會喜歡和人一起睡在床上。

Q 你說會和管家一起睡覺嗎？好興奮喔！

A 就算如此，也不行強迫牠要睡在你旁邊喔！

Q 應該要先好好觀察貓咪會睡在哪裡？

A 是的，先掌握牠喜歡的地方，在該處幫牠佈置睡床會比較合適喔。共通點是安靜又安全的場所。

Q 安靜又安全的場所……
看來，應該都不是在我旁邊睡……

貓咪的睡覺哲學

貓咪的睡覺哲學很難理解，

常常在意想不到的地方，

用彆扭的姿勢，

睡得還真～好啊‧‧‧‧‧‧

也多虧這種奇特模樣，

讓人完全深陷在貓咪的魅力中。

在曬衣架上 zzz

在鞋盒裡 zzz

貓種介紹 No.4

蘇格蘭摺耳貓 SCOTTISH FOLD

- 產地　蘇格蘭
- 體型　半粗壯型
- 毛長　短毛、長毛
- 外貌　圓圓的臉蛋、摺耳、毛色和眼睛的顏色多樣化
- 個性　溫和大膽，善良愛撒嬌，易與人親近

跟狗狗一樣，摺起來的耳朵和圓滾滾的身型，是隻很可愛的貓咪。愛黏人、善良的個性，即便在陌生環境也能很快適應。小時候耳朵很早就立起來，但過了3～4週，會緩緩地摺下來。摺耳是因為遺傳因子造成，而且骨頭可能會經常產生問題，因為可能遺傳致命性的畸形關節，所以歐洲拒絕登錄為正式品種。正因如此，容易產生關節疾病，主人們需要細心照顧。

06

排便訓練

#1 貓咪最棒了！

聽說只要告訴牠貓砂放哪裡，牠就會去上廁所
真的是這樣嗎？該不會……
唰唰唰唰
先躲在一邊看看
將
將
貓咪最棒了
太了不起了！
威風

在貓砂裡上廁所是本能！

在貓砂裡上完廁所會掩蓋起來，是源自於隱藏自身的氣味，避免天敵追擊的本能。一般來說，會跟母貓學習貓砂的使用法，因此排便訓練就很簡單。貓咪用的貓砂有種叫做礦質貓砂最常被拿來使用，只要一吸水，就會馬上變得像石頭般堅硬。在鏟結塊時，廁所清潔也一併完成！(請勿丟到馬桶裡，不然會塞住！)

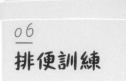

歡迎來到馬鈴薯和麻花的世界！
馬鈴薯
噓噓的結塊
麻花
嗯嗯的結塊
歡
迎

#2 超不爽的喵喵

灰灰啊，
我回來了～
…
本能感應到了「尿尿的味道」！
聞—
聞—
灰灰啊！為什麼會尿
在這！
哼
廁所太髒了我不想用～
喵！
是我的錯．．．
啊……昨天太忙
忘了清理

貓砂盆數量要比貓咪數量+1

貓咪上廁所異常的原因有兩種，一是貓咪對貓砂盆感到不滿，或是健康狀態有異常。如果健康看上去一切正常，卻一直沒有在貓砂盆上廁所的話，可能需要檢視一下貓砂盆了。貓砂盆不適合，或是沒清理乾淨、太髒了，貓咪就會有所不滿，而去棉被或衣服上尿尿。貓砂盆一天需清理3次，並建議貓砂盆的數量需比貓咪數量多準備1個為佳。

打掃時若不澈底清潔，
就會遭到尿尿暴行！
哭哭 哭哭～

動物農場
車鎮源
院長
有什麼問題
盡量問吧！

#貓砂選擇 #貓砂之誤食

選擇貓砂時需注意的事項

A 近期出了很多各式各樣的貓砂，只需選擇適合自家貓咪用的即可。

Q 各式各樣的貓砂是怎樣的呢？

A 有可以掌握小便形狀的貓砂，或是能丟在馬桶裡的天然素材貓砂。

Q 可以掌握小便形狀的貓砂？！太神奇了！

A 小便後以貓砂結塊的顏色能夠掌握疾病的有無，跟狗相比，貓咪較常出現泌尿器疾病。這對有泌尿疾病的孩子來說，應該會是個不錯的選擇。

Q 也可以使用一般非貓砂專用的砂子嗎？

A 專用貓砂有做殺菌處理，能安心使用。但一般的砂子沒經過處理，較不衛生。

貓咪吃掉鼻子沾到的貓砂，沒關係嗎？

吃太多會產生問題，不過這種狀況幾乎不會發生。假如真的吃太多，需盡快至醫院就醫。

專用貓砂種類

澎潤土 灰色的黏土型砂子	**天然貓砂** 豆腐、紙漿、玉米等天然原料	**木屑貓砂** 木屑
優點 易清潔、除臭、較易購得	**優點** 灰塵少、可以丟在馬桶	**優點** 灰塵少、可以丟在馬桶
缺點 容易有塵土、灰塵多	**缺點** 凝結力弱、成本高、不易購得	**缺點** 氣味問題、需要專用的貓砂盆、不易購得

貓種介紹 No.3

美國短毛貓 AMERICAN SHORTHAIR

- 產地　美國
- 體型　半粗壯型
- 毛長　短毛
- 外貌　圓圓的臉蛋，短短的腿，肌肉發達，結實的身軀，特有的花紋
- 個性　活潑好動，愛撒嬌，與其他動物易親近

美國短毛貓是美國家貓，毛色有年輪般的紋路，能一眼認出美國短毛貓。牠們原先是在農場裡專門抓老鼠的貓種，力大結實。個性活潑又愛玩，和其他貓咪都能和諧相處。

07

貓咪共居

初次見面，慢～慢來

對於只養一隻貓咪的人來說，都會煩惱不知道要不要養第二隻。我養第二隻也是思考了很久，才把袋袋帶回來。因為貓咪是地域性動物，要是自身地盤感到被侵犯、或到新領域都會感受到壓力。因此，共居的第一天一定要隔離，給彼此交換氣味的時間。氣味交換時如各自的毯子、抱枕等物品可以放在附近，貓咪們共居不是件容易的事。

但這縫隙也看得太清楚了吧......
密集的實在太貴了嘛

#1 破舊的牆

喵嗚！我是袋袋，這個家的新成員～
明天老二就會來了……因為是套房也不能隔間，怎麼辦?
靈活
狗狗用的圍欄應該很輕易就越過了……
竹簾
我是天才
從縫隙能看得到對方，太高也跳不過去！整理又方便，我真是天才啊！
有什麼事嗎？
爬爬
哇～好開心

#2 交接儀式在何時……？

隨著時間流逝，成員漸漸增加
還有慶元々
面紙老三
牙籤老么
灰灰和袋袋只花1～2週就打開心房了，不過……
歡迎歡迎
可別覬覦
第1排名喔
慈祥
初次接受新家人的面紙，卻不易打開心扉
我老么的位子
被搶了
敏感
彆扭
10個月後
老么交接儀式足足花了10個月之久
老么好好做啊
是的哥，老么做
什麼都行吧？

需要耐心的共居

牙籤來的第一個月，灰灰、袋袋和面紙多少有嘔吐、無精打采、脫水等症狀發生。因為新來的貓咪，所以承受了許多壓力。貓咪共居，需要管家的耐心，共居時每隻貓咪所需的時間都不同。個性好的灰灰有新成員來時，雖然馬上就能接受，但敏感小心的面紙卻足足花了10個月的時間。只要瞭解貓咪的習性，剩下的就是等待牠們相互接受彼此的那刻。

灰、袋、面、牙
四兄弟成立！

有什麼問題
盡量問吧！
動物農場
車鎮源
院長

#共居前注意事項 #共居配對

帶新貓咪回來之前，需要留意什麼？

A 大部份人認為貓咪是種自私、愛搞神祕的動物，事實上牠們和狗一樣，都很依賴人。

Q 這樣看來和狗兒差不多耶！

A 沒錯！不光是吃飯空間，也需要各自的廁所。假如需一同使用空間，請準備額外的貓砂盆。

Q 帶新成員回家時，需要隔離多久的時間？

A 如果是敏感的貓咪，首先需要隔離一週以上為佳。

Q 隔離的話，貓咪不覺得很無聊嗎？

A 要是不隔離，遇到陌生的貓咪會遭受更大的壓力。隔離期間相互沾染對方的氣味，門也可以開點小縫，幫助牠們自然地接觸。

共居較容易的配對是？(如：小貓+小貓、中性化的公成貓+小貓等……)

A 相同年齡層的小貓比較容易親近。

Q 萬一已經有一隻成貓了呢？

A 中性化的成貓比較溫和，對接納小貓來說沒有太大的問題。

Q 那麼成貓和小貓見面時還需要隔離嗎？

A 還是需要隔離喔！問候要慢慢來……

Q 有點擔心，但我瞭解了。

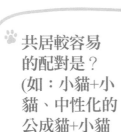

灰.袋.面.牙共居
大成功！！

4隻貓咪第一次同床的日子

長時間的等待，甜蜜的瞬間終於來到。個性已經固定的成貓要共居更是難上加難，帶牙籤回來的時候，共居就很不容易了，苦差事一堆。不過，貓咪們為了接受他們感受到的不自在感，都在努力著，並不急著馬上要變得親近。

雖然有點晚，對於接受牙籤的面紙，除了感謝還是感謝。

變得更加親近的牙籤&面紙

貓種介紹 No.6

阿比西尼亞貓 ABYSSINIAN

- 產地　英國、俄羅斯
- 體型　外國型
- 毛長　短毛
- 外貌　藍色的瞳孔、銀灰色的被毛、滿身肌肉的身軀
- 個性　相當安靜、聲音偏小、溫和親切

金色、白色和褐色參雜的毛色，實在很美麗。大大的雙眼有著深色的眼線，額頭上有M字花紋，和埃及壁畫上畫的貓咪外表相當酷似，因此聽說在中古時期的地位非常尊貴，是個外表相當有魅力的品種。纖細的體型，精力旺盛，必須時常陪牠玩。雖然很調皮，卻很聰明，不會做出危險的舉動。

CIAO

PART 2
貓咪伙食

01. 挑選適合的主食

02. 健康吃零食 I

03. 健康吃零食 II

04. 喵星人減肥

01

挑選適合的主食

#1 管家餵飼料之辛酸

來，這是新買的飼料～聽說好吃到翻掉喔！
隔天
集體腹瀉
嗯嗯..
看來飼料不適合貓咪，聽店員說這款不錯的……
換了別的飼料後
挑食
啥米！這飼料很有名耶，居然不吃！
又換了個牌子
好飽啊～
終於找到合適的飼料了

找到合適的飼料！！

選擇飼料時，口味、好不好消化、費用和牌子等都必需考量。在這之中訂出優先順序，選擇符合標準的飼料即可。不管這飼料我再怎麼喜歡，但貓咪不吃就沒用，所以將貓咪味口視為最重要的準則。可以到各品牌網站上申請飼料試用包，或是到寵物展也能得到。

NO！ 我不是什麼都吃的

#2 挑戰生食！

我買了生食包！
過度熱情的1年新手管家
應該要餵牠們比飼料更健康的生食
果然是肉食動物！連生肉都吃的美味
吃吃吃
幾個月後
價格昂貴的生食……太為難我的錢包了……
暫時要改吃飼料才行……
空～
愚蠢！
對我們的飯飯做了什麼！
嗯嗯...
抗議
生食換成飼料的同時，連續集體腹瀉了兩天……

生食？飼料？視管家的情況而定！

也有管家偏好比飼料健康的生食餐，但若想餵食生食，最好就一直餵生食。如果生食和飼料輪流吃，腸胃可能會不適。跟飼料相比，生食雖然健康，但飼料並不是不好的食物喔！若餵食營養且正確的飼料，養份能夠均衡攝取，貓咪和管家都能更輕鬆愉快的相處，請好好考慮情況再下決定。

是飼料？還是生食？
這才是問題

有什麼問題
盡量問吧！
動物農場
車鎮源
院長

#飼料選擇 #飼料變換 #貓咪就吃貓飼料

飼料選擇有什麼好建議嗎？

A 首先喜愛度最重要。

Q 不管多好的飼料，貓咪若不吃  就沒有用。

A 是的，不過光考量喜好是不行的，挑選避免過多的添加物、過度油炸的飼料為佳，可透過網路搜尋，參考飼料等級。

Q 尋找適合個別貓咪的飼料，再餵食會更好吧……

A 別被包裝上可愛的照片或華麗的文案給騙了，請確認內容物再做選擇！

換飼料時有什麼注意事項？

首先原本的飼料和更換的新飼料為1:1混合，接著漸漸增加新購入的飼料量，這樣自然的替換方式較佳。

也可以給貓吃狗飼料嗎？

Q 曾聽說狗狗可以吃貓的飼料，但貓咪不能吃狗的飼料……

A 兩者皆不可！狗若吃了蛋白質相對高的貓飼料，會罹患胰臟炎。而且，狗飼料中並不包含貓咪所需的營養成分〔如牛磺酸〕，貓咪吃了有可能會引起牛磺酸缺乏症。

Q 看來就算是緊急情況，也不能隨便餵食耶。

A 沒錯，必須要注意。不過吃個一兩次是不會有什麼大問題。

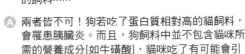

購買飼料時，需確認的事項

✔ 只要是管家，都會有「該選擇怎樣的飼料」這種困擾，當然沒有100%安全的飼料。

CAT
FOOD

購買飼料時需確認的事項

1) 品牌
2) 原物料(原料原產地)
3) 是否添加加工粉末、肉、骨粉的飼料
4) 需仔細確認飼料成分表
5) 製造國家(動物保護法發達的國家製品)
6) 是否獲得USDA(美國農業部)或FDA(美國食品醫藥局)認證的場所製造
7) 確認製造年月或有效期限
8) 若是有機產品請確認有機認證

✔ 喝自來水沒關係嗎？？？

自來水可不可以飲用，每個地區都有所差異。而且，老舊的住家或某些地方，都是舊式水管，有可能產生汙然，需格外注意。最重要的是，需經常換新鮮乾淨的水，特別是夏季時更需注意。

不符合貓咪喝水方式的飲水器！！

貓種介紹 No.7

挪威森林貓 NORWEGIAN FOREST

- 產地　英國、俄羅斯
- 體型　外國型
- 毛長　短毛
- 外貌　藍色的瞳孔、銀灰色的被毛、滿身肌肉的身軀
- 個性　相當安靜、聲音偏小、溫和親切

棲息在挪威森林裡的品種，能夠承受相當惡劣與寒冷的環境。厚實的毛皮和巨大的身型散發出野性之美，有一點像狗狗的貓咪。牠們相當貪吃，就如同大塊頭般的體型。因為在森林裡生長，因此是狩獵高手，也很擅常爬樹。一般的貓咪約1年左右發育完成，但挪威森林貓發育完全需4年的時間。

02

健康吃零食 I

零食不要給太多，一點就好！

罐罐

不管是人還是貓都很難拒絕零食的誘惑！不過，肥胖、偏食、消化不良等問題會隨之而來，還是吃營養成分豐富的主食會更好。若是擔心飼料會吃膩，比起零食用罐罐，餵食主食用的濕食罐罐也是一種方法。若零食吃過多，有可能會不吃主食，這點需注意才行。

人、貓都必須
忍住零食的誘惑

#1 危險的零食世界

給我零食，不是飼料～喵
每次都問我是不是懷孕，俺是公的！
圓潤～
嘔～
你吃太快了啦……！
零食！你對我的哥哥們做了什麼！！

#2 炸雞分享法

叮咚－
치킨
哇！炸雞外送來了！
這是炸雞，不可以！
啊！冰箱有雞胸肉，要煮嗎？
喔～好唷！
沒有比這還健康的零食了
排隊中
大家多虧有我，才能吃到特餐～喵

雞胸肉是簡便又營養的零食！

相信管家們，都想為貓主子料理新鮮又健康的食物，如:水煮雞胸、雞腿肉等沒有添加物，可以放心給愛貓食用，也可以當零嘴。不過偶爾當零食餵餵可以，但別忘了，太常給的話還不如不給。

我也想要吃特餐～喵！

有什麼問題
盡量問吧！
動物農場
車鎮源
院長

#零食材料 #市售零食

貓咪可以安全食用的零食類別有哪些？

A 貓咪是肉食動物，將肉類曬乾當零食餵，也可以加入對身體有益的蔬菜調理。

Q 也有貓咪不能吃的食物，看來要好好確認才行啊！

A 是的，當然要避開對貓咪有害的食物。而且，餵食的時候一定要確認有無過敏反應。

市售的零食安全嗎？

A 一般而言，貓咪吃販售零食沒有太大的影響。

Q 貓咪很喜歡吃零食……時常給也沒關係嗎？

A 不可以因為很喜歡吃就一直給。零食需適當餵食，才能避免消化不適、肥胖等問題。

零食可能產生的麻煩

消化不良

相信很多時候，會想和家貓一同享受美食。
不過，過量的零食容易影響飲食習慣，會對貓咪的健康造成問題。
因為主食飼料能提供充分的營養，
所以請別增加零食的份量。
若是懷疑因零食引起的食物性過敏，請盡快向獸醫師諮詢。

過敏

拒吃主食

肥胖

貓種介紹 No.8

英國短毛貓 BRITISH SHORTHAIR

- 產地　英國、俄羅斯
- 體型　外國型
- 毛長　短毛
- 外貌　藍色的瞳孔、銀灰色的被毛、滿身肌肉的身軀
- 個性　相當安靜、聲音偏小、溫和親切

此品種的發源地為現在英國的大不列顛島。因圓而扁平的臉蛋，表情很獨特。也多虧這種長相，在全世界獲得相當高的人氣。毛有很多種顏色，但與俄羅斯藍貓相同的青灰色最多，眼睛呈黃南瓜色。溫和文靜、舉止特異，是隻可愛的貓咪。

03

健康吃零食 II

#1 料理挑戰！雞肉燉菜

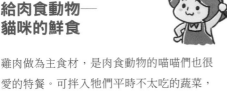

1.雞胸肉用清水洗淨後，放進滾水中汆燙。
2.蔬菜洗淨後，菠菜和花椰菜放入滾水中稍稍汆燙(不加鹽)。
3.將備好的食材全部切丁。
4.把切丁的食材放入鍋中，加水後煮開。
5.燉煮到湯汁收乾。

給肉食動物—貓咪的鮮食

雞肉做為主食材，是肉食動物的喵喵們也很愛的特餐。可拌入牠們平時不太吃的蔬菜，也能供給乾飼料不足的水份。若是太挑嘴的貓咪因為菜味不吃的話，可以在上頭灑些鰹魚或鮭魚粉。別忘了自製燉菜要等放涼後再餵食喔！

將將～
雞肉燉菜！

#2 媲美肉乾的美味料理！

1.鴨里肌肉用清水洗淨。

2.切成0.5～1公分厚的長條狀。

3.放進80～100度預熱的烤箱裡烤1小時。
80~100°C

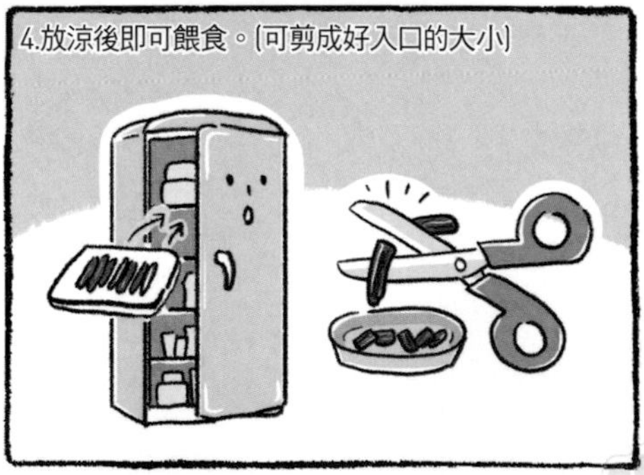
4.放涼後即可餵食。(可剪成好入口的大小)

雞胸肉也OK

媲美肉乾的美味料理！

可輕鬆做出肉乾型態的零食，不光是鴨里肌肉，雞胸肉也可拿來做。平時放冷凍庫保存，要餵食時用微波爐稍微解凍即可。如果沒有烤箱，也可以用食物烘乾機製作。

主廚管家親手DIY的
健康零食！

有什麼問題
盡量問吧！
動物農場
車鎮源
院長

#甜味 #雞骨頭

對蛋糕或甜麵包有所反應，貓咪也感受得到甜味嗎？

A 貓咪與狗狗不同，無法感受到甜味，反而對苦味會更加敏感。

Q 那為何看到蛋糕就很喜歡的樣子呢？

A 有可能牠們對鮮奶油含有的脂肪及其他成分有所反應，咀嚼的口感不錯，所以有反應。

Q 啊……就算這樣也不能餵食吧？

A 糖分攝取過多，會引起嘔吐、腹瀉、肥胖或糖尿病。

Q 果然不能什麼都餵，太危險了！

假如貓咪吃雞骨頭，也會像狗一樣危險嗎？

是的，一樣很危險。雞骨頭很容易斷裂，有可能會穿刺腸胃，所以不能餵食。

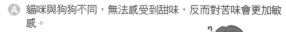

各式各樣的零食

自製雞胸肉肉乾

自製南瓜蛋糕

雞肉、鴨肉等家禽類的瘦肉，貓咪都很喜愛。

調理方便，也是我愛用的食材之一。

市面販售的純鮭魚肉也是很好的食材，

南瓜、菠菜、花椰菜都是對貓咪有益的蔬菜。

若愛貓因為不熟悉的菜味而不想吃，可以在上面灑一些鮭魚粉或鰹魚粉。

貓種介紹 No.9

孟買貓 BOMBAY

- 產地　美國、英國
- 體型　外國型
- 毛長　短毛
- 外貌　藍色的瞳孔、銀灰色的被毛、滿身肌肉的身軀
- 個性　相當安靜、聲音偏小、溫和親切

和黑豹一樣，有著黑色毛髮和金黃色的眼睛，是隻很帥氣的貓咪，在全世界都是稀有高貴的品種。一般會和全黑的貓咪混淆，但是半粗壯體型，從臉型就能看得出來。孟買貓的臉型相當圓、鼻子扁、雙眼間距較開。很聰明、適應力強、親和力高，像狗狗一樣親人。

04

喵星人減肥

#1 摔角選手貓？

圓潤
朋友家的貓還不到4公斤，灰灰已經6.8公斤……
6.8kg….
沉重
醫生，灰灰是不是太胖了？
我瞧瞧~
有點過重，不過還不到肥胖
啊……是摔角選手的體格嗎？
灰灰的骨架和體格較大

每隻貓的肥胖標準不一樣

也許看起來都差不多，但貓咪也是有體格上的差異。一般貓咪體重約3～5公斤，但我家灰灰、袋袋和面紙三隻貓全都6公斤以上，肚子都跑出來啦，所以我很擔心。但仔細瞭解後才知道，牠們體格較大，所以6公斤左右是標準。灰灰的體重是6.8公斤，到了需要飲食管理的狀態，所以由此可見，每隻貓咪的肥胖標準都不盡相同，需詢問過醫生才會清楚。

腹部下垂
是家貓的宿命…

#2 減肥成功？減肥失敗？

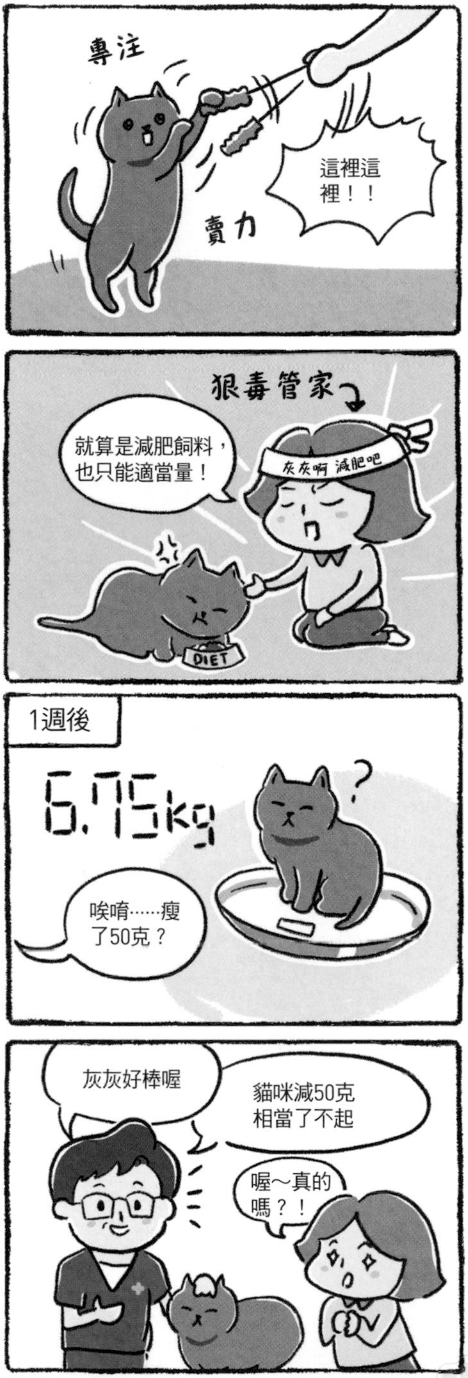

專注
這裡這裡！！
賣力
狠毒管家
就算是減肥飼料，也只能適當量！
灰灰啊 減肥吧
DIET
1週後
6.75kg
唉唷……瘦了50克？
灰灰好棒喔
貓咪減50克相當了不起
喔～真的嗎？！

減肥不求快，慢慢來！

貓咪減重是場長期戰爭，就像人類減肥，不是光靠自身的意志。貓咪正常的減重標準，1週約50～100克。這樣一點一點慢慢的減，快則需8個月，長則1年以上。拿灰灰來說，平時運動量很少，稍微多動一點就有效果。若是採用自助吧餵食方式，必須改成定時定量餵食，調整飼料份量。若想改用低熱量飼料，需和獸醫師詢問過後再更換。

嚴禁過分減肥！

有什麼問題
盡量問吧！
動物農場
車鎮源
院長

#肥胖判斷基準 #肥胖危險

體型、體重都不一樣，肥胖基準該怎麼判斷？

Ⓐ 摸肋骨大略可以知道，在摸胸部的時候，稍微摸得到肋骨，而且骨頭在肉裡沒有凸出來，是最理想的體型。可以請獸醫師幫貓咪做身體狀況計分(Body Condition score)。

Ⓠ 幸好灰灰和袋袋摸得到肋骨！

Ⓐ 不過兩隻都屬於過重，請多注意體重管理。

Ⓠ 是！貓咪們也陪我一起減肥吧！

對肥胖的貓咪而言，伴隨的風險是？

Ⓐ 和人一樣，肥胖也會引起貓咪各種疾病。脂肪肝、糖尿病、因心臟肥大引起呼吸困難等，與正常狀態相比下，患病的機率變高。

Ⓠ 為了不變胖，事先預防會比較好，只是預防怎麼做比較好呢？

Ⓐ 可利用貓咪的狩獵習性和好奇心，從小時候開始養成好的飲食習慣。隨著貓咪移動的路線，更改吃飯的場所。

Ⓠ 那麼貓咪也要隨著移動路線吃飯了呢！

Ⓐ 沒錯，隨著年紀增長，動作變得遲緩，容易變胖。從小開始養成這種習慣為佳。

Ⓠ 灰灰、袋袋、面紙已經晚了……不過牙籤我會試試看的！

來測一測貓咪的肥胖程度

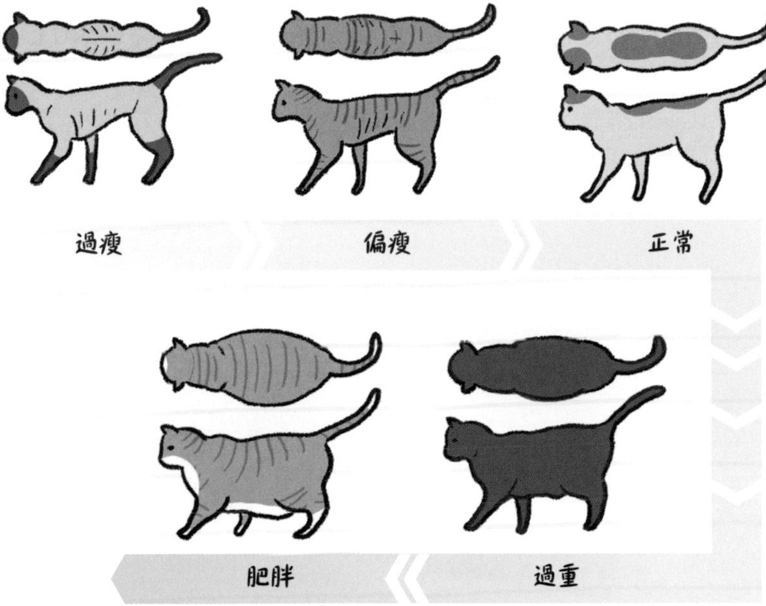
過瘦
偏瘦
正常
過重
肥胖

貓種介紹 No.10

日本短尾貓 JAPANESE BOBTAIL

- 產地　日本
- 體型　外國型
- 毛長　短毛
- 外貌　短尾，除了尾巴，外型皆與米克斯貓咪相似
- 個性　活潑好玩，善社交，與其他動物好相處

在日本食堂常見的「招財貓」玩偶的原型，就是日本短尾貓。白色的毛上有著黑色、紅色的斑點，是最常見的花色。此品種最大的特徵在於尾巴，並非沒有尾巴，而是長度約是2.5～8公分的球狀。屬於身體強健，不易生病的品種。

PART 3

貓咪的日常生活

01

本能和習性

#1 夢想中的別墅

購入一個新型的貓跳臺！
鏘
鏘
這是我的位子！
巡視中！
這陌生的東西是什麼？
幫牠放個箱子在上面吧
喵嗚……又高又窄……夢想中的別墅啊！

喜歡高處和狹窄的地方～喵

經常能夠看到貓咪在冰箱上、或是在貓跳臺最高處安穩休息的模樣吧！在高處放鬆休息的樣子實在太不可思議了。喵喵喜歡高處是因為能夠巡視自身的領域，以及為了鎖定獵物。喜愛高處的野生習性原封不動地保留下來，喜歡躲進狹窄的箱子裡，也是因為躲進狹縫處能保護自身的習性緣故。

喵喔——
我是獅子王！
貓咪還是有野性的

貓咪是
領域性動物

我的領土

貓咪是在自己領域中獨居的一種動物。而且會視察、守護自己的領域，也是源自於天生的野性。當然也會和團體中的貓咪共享領域，因對於場所的變化很敏感，新場所不必說，光是家具的位置調換也會感到混亂。牠們會壓低姿勢，探索周遭的環境，這時主人需等待牠們慢慢適應。

又要再次劃分
我的領域了…
慢吞吞

#2 這不是我熟悉的領土

買了張新桌子，就來更換一下家具擺設吧～
興奮
興——奮——
是受到什麼衝擊了嗎？
我們對場所和領域是很敏感的！
我的領域啊……唉……

有什麼問題
盡量問吧！
動物農場
車鎮源
院長

#貓咪習性　#貓咪階級

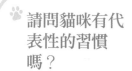

請問貓咪有代表性的習慣嗎？

A 雖然有著各式各樣的習慣，不過最具代表性的還是喜歡抓貓抓板這項。這行為是在標示自己的地盤，或是消除壓力。

Q 幼貓也會磨貓抓板嗎？

A 會喔。產後約5週就會開始磨貓抓板了。

Q 產後1個月嗎？！也太快了吧。

A 所以盡早準備貓抓板，各位的家具或壁紙才不會被抓壞唷！

還有其他的習慣嗎？

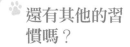

A 還有時常理(舔)毛。貓咪在整理自身的毛時，能夠讓牠找到身心上的安定。

Q 貓咪用舌頭理毛……這有可能嗎？

A 貓咪的舌頭上有著像魚刺般的突起物，也因為這樣故能夠梳理毛髮。利用唾液中的成分，就像在洗澡一樣，能使毛髮有光澤。

Q 不過也有貓咪舌頭舔不到的部位吧？

A 沒錯。頭頂和下巴的毛是無法自己梳理的，所以主人要幫牠整理頭部和下巴的毛，可以用牙刷或專用梳子梳，牠會很喜歡。

Q 看起來牙刷和舌頭的觸感很相似耶！所以貓被說愛乾淨都是有原因的。

貓咪的世界裡也有階級嗎？

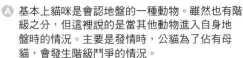

A 基本上貓咪是會認地盤的一種動物。雖然也有階級之分，但這裡說的是當其他動物進入自身地盤時的情況。主要是發情時，公貓為了佔有母貓，會發生階級鬥爭的情況。

Q 結紮過的貓咪就不會有階級鬥爭的行為嗎？

A 是的。大部份的貓咪劃好自己的地盤後，是不太會發生階級鬥爭的情形。

考慮貓咪習性的佈置巧思

貓屋

能夠塞入適合貓咪身形的坐墊或抱枕的貓屋、許多貓咪喜愛發出窸窣聲響的尼龍布貓隧道、貓咪和主人能共同使用的家具，坊間也都垂手可得喔。

和喵喵共同使用的家具

尼龍布貓隧道

貓種介紹 No.11

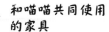

美國短尾貓 AMERICAN BOBTAIL

- 產地　美國
- 體型　體長健壯型
- 毛長　短毛、長貓
- 外貌　有著像兔子的短尾巴、大耳朵和圓潤的腳、有各種花紋。
- 個性　雖然怕生，但對主人很親近、愛撒嬌、聰明又溫順。

散發著野性美的外貌，以及成反比的短尾巴，令人印象深刻。藉由母暹羅貓和短尾公貓配種，其中，又挑選出尾巴最短的貓咪來繁殖，造就了現今的美國短尾貓。骨骼健壯、胸寬且肌肉發達，因此胸圍挺拔。發育完全約需2到3年的時間。

02

對貓咪的誤解

看窗外，其實是在進行視察任務！

看到貓咪看向窗外的模樣，多少會有「我們家的貓咪想出去玩啦？」「在家會無聊嗎？」的想法。但這純粹只是人類的觀點喔！其實，這只是貓咪在確認自身領域是否安全所做的視察。有些貓咪喜歡到外面探險，不過，其實對貓咪來說，「外面」僅是一個離開自身領域、陌生又危險的地方。

我的領域
一切正常！
茲茲—

#1 看向窗外的貓咪

正看向窗外的袋袋和面紙
是想去外面玩嗎⋯⋯？
鷹眼！
緊盯！
才不是！我們現在正在視察環境
悲壯—

#2 這不是玩具啊！！

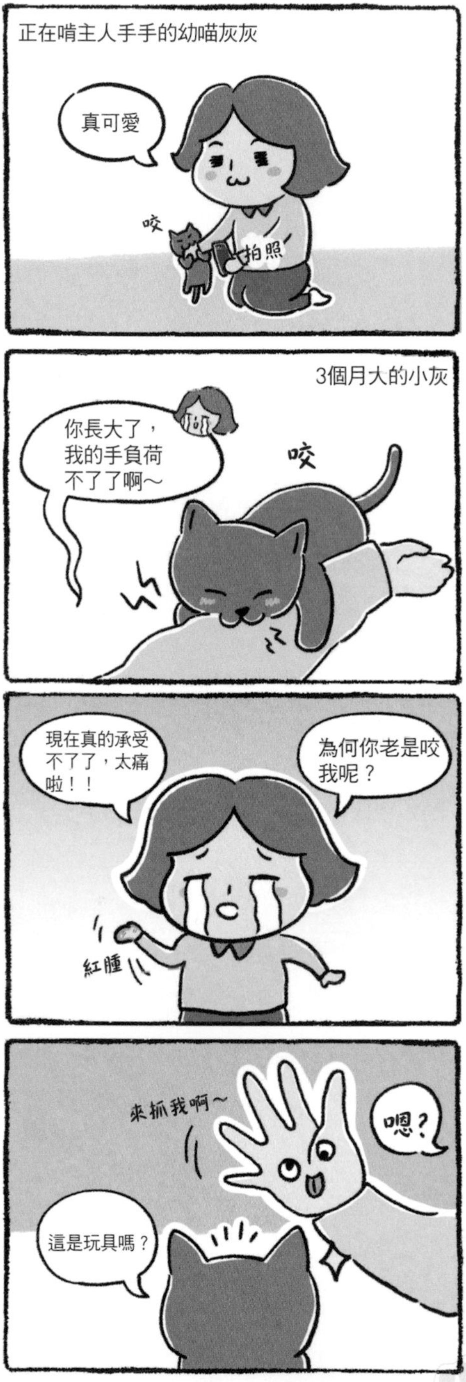
正在啃主人手手的幼喵灰灰
真可愛
咬
拍照
3個月大的小灰
你長大了，
我的手負荷
不了了啊～
咬
現在真的承受
不了了，太痛
啦！！
為何你老是咬
我呢？
紅腫
來抓我啊～
嗯？
這是玩具嗎？

咬主人並不是討厭的表現

有許多貓咪會咬、抓或用後腳跟踢主人的手。特別是幼貓時期，這種行為更是常見。會有「為什麼咬我的手？是有不滿嗎？還是耍脾氣？」等種種誤會，其實這個行為是因為在換牙，將主人的手視為玩具來磨牙的機率很大。偶爾，也會將主人過度的肢體接觸，視為一種欺壓的行為，就會「啊！」咬你一口，意思叫你該停止囉！

手受傷的話，就沒
辦法開罐罐囉～
驚嚇

動物農場
車鎮源
院長
有什麼問題
盡量問吧！

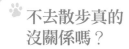

#家貓散步去　#主人的手　#咬的強度

不去散步真的沒關係嗎？

A 貓咪是個不愛散步的動物，透過學習或許能夠改善。但因個性敏感，在外面比較不好控制。

Q 那麼讓牠在家運動好像比較適合！

A 比起在外散步，透過家中的遊戲和運動，更能消除喵喵的壓力喔。

啃咬主人的手手是什麼原因？

A 會出現這個行為，主要是把主人的手當成了玩具，或是作為狩獵練習的對象。

Q 抓著我在做狩獵練習嗎……剛開始覺得很可愛，但漸漸愈咬愈大力……

A 當有兩隻以上的貓咪共同生活的時候，會互咬玩耍，咬的強度也會自動調節。但只有一隻的情況下，這種練習機會較少，咬的強度也就會漸漸增強。

Q 成貓的話，這情形會自動改善吧？

A 小時候咬的力量不大，所以沒關係。但到成貓時就又不同了，小時後不糾正，長大後要矯正較困難。

Q 該怎麼糾正牠呢？

A 遊戲途中，若牠要咬手時，一定要停止遊戲，從中將手拔出，並裝作不知情。若是大聲斥責，和喵喵的關係可能會產生裂痕。對喵喵來說，必要的漠不關心，就在這時候派上用場。

我的地盤

我來守護～

這些可愛的背影，正是在敏銳地監視周遭的情景。盯著窗外的鳥、路過的人，這些都是在守護自身的領域。「牠們是在沉思嗎？」與我們的想像正好相反，雖然理由相當現實～但望著窗外的喵喵，不覺得也挺可愛的嗎？

認真巡視的面紙巡警

團體巡視中～呵呵呵

貓種介紹 NO.12

索馬理貓 SOMALI

- 產地　加拿大
- 體型　外國型
- 毛長　中毛
- 外貌　纖細瘦長、眼線深
- 個性　聰明淘氣、怕生，但很黏著主人

是長毛阿比西尼亞貓的近親品種。但當時以突變的長毛阿比尼亞貓之稱並不被接受，現在以正式的品種受到認可。特徵為臉部的M字樣和深眼線，毛色有金黃色、褐色、奶油色等，均勻分部的毛色和阿比西尼亞貓非常相似。唯獨尾巴的毛較蓬鬆，也被說是長得像狐狸的貓。

03

貓咪的情感表現

#1 初聞呼嚕歌
灰灰來這的第7天
呼嚕歌到底是什麼？
有點難想像
呼嚕嚕
新手管家時期
天啊！
心
跳上去
動
呼嚕嚕—
呼嚕嚕—
驚！
這就是傳聞的呼嚕歌！
好像機車的引擎聲
呼嚕
呼嚕
這叫做愛的表現

令人窒息的示愛表現

對養貓新手的我來說，貓咪所有的溝通方式都很神祕陌生。特別是呼嚕聲，「這真的是喜歡的表現嗎？不是哪裡不舒服吧？」曾有過這樣的念頭，真是個獨特又新奇的體驗。他們會凝視著人的眼睛，慢慢地眨呀眨、搓臉、四腳朝天，然後翻肚肚，原先還以為貓咪是種很高冷的動物，但做夢也沒想到牠們也是很會撒嬌的。

沒聽過的人
是不會懂的！
呼嚕—
呼嚕—

#2 無法隱藏的感情

今天應該也是袋袋最先出來迎接我吧？！
啦
啦～
啦
孩子們，我回來啦～
肥來啦
真開心
怎麼回事，趴著尾巴也會翹高高的，也太可愛了吧
袋袋專屬的獨特姿勢

注意尾巴的動作！

就算只觀察尾巴的動作，也能知道貓咪的心情喔！因為貓咪會用尾巴來表達不同的情緒。尾巴除了用來表達情感外，也扮演了多項角色。可以保持走路或是跳躍的平衡，在方向轉換時也具有方向盤的作用。

用尾巴表達情感的貓咪

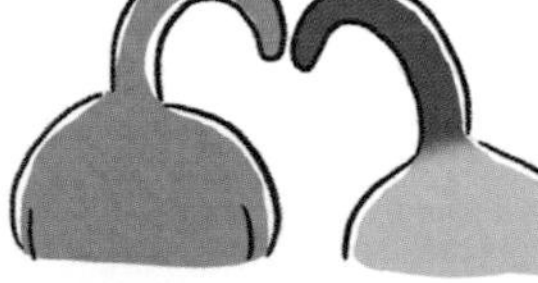

有什麼問題
盡量問吧！
動物農場
車鎮源
院長

#貓的信號　#貓的情感表現

最常使人誤解的信號是什麼呢？

A 貓咪會以尾巴和耳朵的形狀發出數種信號，當厭煩、生氣時、攻擊之前，尾巴會大幅度的搖擺，諸如此類。建議也可以看耳朵的樣子，當耳朵往後折，就是真的感到非常不耐煩的狀態。

Q 聽說偶爾不耐煩時就會變成鐵金剛耳，真的是不耐煩無誤。

A 貓咪與狗不同，牠們是很看重地盤的動物。偶爾會表現出很兇狠的反應，大部分是認為自己的地盤受到侵犯才會這樣。

Q 自己的地盤連管家都不允許進入嗎？

A 沒錯。與對待狗狗的方式不同，要等貓咪走向自己的時候再撫摸牠們，算是尊重他們地盤的方式。

Q 啊！聽說當牠們心情大好時也會先靠近。

A 那時候就積極地與他們互動。若是反覆這種示愛表現，不管在何種情況下，也有可能變成有狗魂的貓兒。

表達情感的方式除了尾巴，還有其他身體部位嗎？

A 除了尾巴，耳朵和眼睛的樣子也看得出來。驚嚇或生氣時，整身的毛會豎起，若是感到壓力過大，也會造成嚴重脫毛。

Q 哦……情感表達的方法比想像中的要多呢！

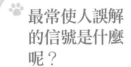

看尾巴就能知道貓咪的內心

✔ 水平輕鬆伸直
平靜的狀態

✔ 尾巴方向與身體呈
垂直豎立
高興、開心、心情超好！

✔ 尾巴微微出力，往下垂
警戒狀態！掌握情況中！

✔ 微微搖晃尾巴末端
正在沉思

✔ 尾巴毛與毛髮炸起
驚嚇過度！

✔ 在觸摸或是妨礙牠時，
尾巴會大幅度擺動
啊……好煩呀

✔ 將尾巴收到肚子下方
緊張狀態

✔ 快速並大幅度擺動
現在相當敏感！

貓種介紹 No.13

曼赤肯貓 Munchkin

產地	美國
體型	中等體型
毛長	短毛、長毛
外貌	四隻肥短，後腳比前腳長，有著各色不同的皮毛。
個性	性情溫和友善，易與人親近，有自信。

是貓界的臘腸狗，有臘腸貓之稱。因四肢肥短，一般認為跳躍力差。不過後腳比想像中來的有力，奔跑速度飛快。有自信，遇見比自身高大的貓咪也毫不畏懼。由於是基因突變的品種，因此有遺傳疾病的風險。也因為這個原因，有部分愛貓組織尚未承認其正式品種，必須要格外留意曼赤肯貓的疾病問題。

04
貓咪的睡眠

睡整天～

貓咪是貪睡蟲

貓咪一整天的睡眠時間足足有15～17個小時。也就是說醒著的時間只有7～9小時。一整天大多都在睡覺，或是打盹到一半醒來才會去吃飯、整理毛髮和玩耍。和大家的認知不同，雖然貓咪是很怕寂寞的動物，但幸好很貪睡。所以管家不在家的期間都在睡，沒時間孤獨。

睡飽飽才會美唷～喵

#1 管家不在的期間

監視器終於入手了!! 感覺我不在時他們都會用兩腳走、獨自打開冰箱門
我是大爺～
沒有可以吃的嗎
REC
貓貓們都在睡覺
REC
7小時裡看了幾次，牠們都只是在睡覺……
哇……根本睡到不省人事耶……
失望

#2 我並不是真的在睡

真可愛～
ZZZ
笑呵呵
騷動
ZZZ
騷動
搓揉搓揉
好像連睡覺時
都聽得到聲音
RRRR—
起身 警戒！
嗯？

雖然很會睡，但熟睡時間很短

隨時留意天敵的威脅，一直處於保護自身安全的警戒狀態，就算在睡覺時也不例外。為了防止被突襲時能即時做出反應，淺眠的野性也被保留到現在。所以大部分時間大腦是清醒的，是身子在睡覺的『快速動眼期』狀態，而大腦進入休息的熟睡時間只有幾小時。

總是保持
警戒狀態！！

有什麼問題
盡量問吧！
動物農場
車鎮源
院長

#過度睡眠　#貓做夢

有時擔心會不會睡太多，這會是異常的信號嗎？

A 基本上貓是種很會睡的動物，所以不用擔心。但在清醒的時間卻沒有食欲，或動作遲鈍，就有可能是有健康的問題，建議到醫院就診為佳。

Q 睡那麼多竟然是正常的，還真羨慕啊……

貓咪也會做夢嗎？

A 貓咪也和人一樣會做夢。偶爾觀察睡夢中的貓咪會發現，嘴角上揚或是出力的樣子，有時嘴也會嘖嘖作響，這些都有可能跟夢境有關連。

Q 這麼說管家也有可能出現在貓咪的夢中囉！

A 哈哈，夢中出現誰，大概只有貓咪自己知道吧。

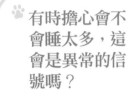

難以想像的睡眠姿勢

面紙和灰灰會把肚子露出來

你該不會是沒骨頭吧……？

說到柔軟度，就不能不提到貓咪。
這柔軟度特別是在睡覺時的樣子經常看得到，
這些搞笑又千奇百怪的姿勢，
當然都要將它拍下來留做紀念！
「看起來真的很像無骨動物……」，
「那種姿勢是要怎麼睡啊……？」
類似的疑問句會常常脫口而出。

貓種介紹 NO.14

孟加拉貓 BENGAL

- 產地　美國
- 體型　體長健壯
- 毛長　短毛
- 外貌　有著豹紋般的斑點，身軀修長且結實，毛色大抵為褐色，但色種豐富。
- 個性　獨立性強，性情多變，好奇心旺盛，愛撒嬌

野性美爆棚的花紋，令人印象相當深刻吧！孟加拉貓背上的斑紋有很多種，分別為豹紋、大理石、玫瑰狀斑紋等。如同野生老虎，喜歡水也是出了名的。身型大，骨骼、肌肉結實壯碩，運動量也是大的驚人。活動力強，管家飼養前須有決心能每天陪牠玩耍。是隻話多、情感豐富的貓咪，牠還會喋喋不休向管家搭話呢！

05

怕寂寞的貓

#1 貓咪也會怕寂寞

貓奴們相約一起聊貓咪
?
不過貓咪也會怕寂寞！我很確定
前陣子有幾天不在家，當回到家時密碼鎖按錯
密碼錯誤……
喵嗚 喵嗚
浩智，對不起！哥哥馬上進去！
你去哪了，怎麼現在才回來！
真的是生平第一次聽到這種叫聲
沒錯！貓咪也是很怕寂寞的
點頭
但搞不好牠是說「臭小子回來幹嘛」……

啥時回來啊？

貓咪也會等管家回來的

普遍都認為貓咪不怕寂寞，其實並不然，牠們只是不常表現「寂寞」而已。多虧了獨立的個性，即便管家一兩天不在，也不會感到不適，自己也能好好地生活。不過，要是長時間沒看見管家的身影，貓咪也會漸漸開始等待。當管家下班回到家時，牠會到門口迎接，或是靜靜坐在廁所門口前，等到管家出來為止。

請不要讓我獨守空間……

#2 時時刻刻都在擔心貓咪

到蒙古旅行的惠主夫婦
慵懶～
喔！看那邊，是蒙古的野貓耶
我們家的主子們過得好嗎……？
偏鄉地方好幾天都接收不到網路
保姆應該有發照片給我……都無法確認
好想念我們家的喵喵啊
終於連接到網路啦！
灰灰！袋袋！面紙！牙籤！我好想你們啊
嗚嗚～哭哭
保姆
每次我來的時候牠們都很開心的迎接我，也很會撒嬌^^
保姆
翻肚肚～
嗯？好像把主人忘了……？

長時間外出時，就交給貓咪保姆吧！

如需出門3天以上，就需要有人代替照顧貓咪。就算水和飼料準備充分，也不知道會不會突然不夠，若貓砂盆久未清理，他們可能就會憋尿憋出毛病來，也有可能突然不舒服。更重要的是，貓咪也會等人，可利用寵物保姆、或交由愛貓的朋友照顧。如果是不怕移動的貓咪，也可將貓咪寄宿在朋友家或是寵物旅館。

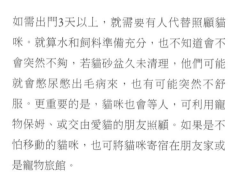

會餵飯的不就是管家嗎？

有什麼問題
盡量問吧！
動物農場
車鎮源
院長

#出遠門前的注意事項　#分離焦慮症

長時間出遠門時一定要注意的事項？

A 首先需要充足的水和飼料、乾淨的便盆、以及貓咪滿意的活動區域。牠是具有獨立性的地域性動物，只要營造出這樣的環境，與狗相比不會有太大的問題。

Q 聽說管家回來時也會像狗一樣出來迎接……貓咪也會出現分離焦慮的症狀嗎？

A 基本上貓咪屬獨立性強的動物，與狗相比，分離焦慮的症狀不多。不過，最近有出現所謂"狗魂貓(？)"的特別種，對吧？和監護人的關係越親密，越感受得到分離焦慮的症狀。

狗魂
狗魂

Q 那個"特別種"好像我家也有耶……

我們也會等管家的～喵

當房門關起時或去上廁所時，
袋袋和面紙都會這樣坐著等。
直到管家出來前，都會這樣安靜地耐心等候。
若是等太久，牠們還會哭嚎或抓門，
就像狗狗一樣。若把門打開了，
牠又裝作若無其事，腳步輕盈地走開，
馬上變回那個酷酷的貓主子。

在門前等待著管家

「把拔怎麼還不回來」

貓種介紹 No.15

緬因貓 MAINE COON

- 產地　美國
- 體型　體長健壯
- 毛長　長毛
- 外貌　蓬鬆厚實的被毛，貓咪中體型最大的貓，毛色多樣化
- 個性　溫和、親人，好奇心旺盛，特別活潑

連在國外都會經常成為話題，有「巨大的貓咪」之稱的緬因貓。在2006年有一隻最巨大的，以122公分身長榮登金氏世界紀錄。原產於美國東岸緬因州附近，粗大的尾巴與浣熊幾乎一樣，故緬因貓的英文名稱後的字根有個「COON」，與浣熊相同。體型壯大，有著結實的肌肉。生活在寒冷地區，身上的長毛不僅能禦寒，還能抗水。

06

貓咪玩具

#1 隱匿型獵人

拍拍
嘻嘻
好可愛
拍拍
注視
跳跳
搖尾巴
隱匿型
搖尾巴
哇啊啊——
抓住它！

貓咪是天生的獵人

貓咪具有的大部份習性都是來自狩獵習慣，這樣說也不為過，即使運動鞋鞋帶稍微動一下，也會立即對此有反應，貓咪的獵物本能非常強。每隻貓的狩獵型態也都不同，灰灰看到玩具會先躲起來，偷偷觀察後會突然跳出來，因此我也會被牠嚇一跳，反之牙籤看起來一點都不緊張，只顧著抓玩具。

只要看到獵物就
會無法控制，所
以停止吧！
嘿嘿…

#2 不常見的貓叫聲

喵喵叫
喵
喵
喵
哇！好神奇，我家的貓貓從來都不叫
你們不喵喵叫嗎？
我們幹嘛叫？
搖頭搖頭
幾個月後
哇！原來灰灰會喵喵叫。
哇～
凹嗚！凹嗚！
但是叫聲有點怪，沒聽過這種叫聲……

來抓我啊！

為何貓叫聲不常聽到

聽說過貓叫聲，但我沒聽過貓叫，因為灰灰、袋袋、面紙從沒叫過。但是自從老么牙籤加入牠們後，我第一次聽到貓叫。聽說貓想抓到獵物，但又抓不到時，就會發出這種焦急的叫聲。不過就算是會叫的貓咪，並不會每次狩獵時都會叫，這可說是非常奇特的現象。

凹嗚！凹嗚！
這就是急著想抓獵物所發出的叫聲。

動物農場
車鎮源
院長
有什麼問題
盡量問吧！

#逗貓棒玩具 #玩具的好處

拿玩具跟貓咪玩耍，要隔多久玩一次？

建議一天每隔15分鐘玩兩次，狗狗可藉由散步紓壓，但是貓咪不愛出去散步，因此，透過玩具幫貓咪消除壓力吧！

拿玩具逗貓玩有好處嗎？

A 儘量要避免用雷射筆或手機app程式跟牠們玩。

Q 可是貓奴方便，貓主子也玩得很開心，這有什麼問題嗎？

A 因為那些是無形獵物，會讓牠感到空虛，還會使牠失去狩獵的自信心，反而會帶給牠壓力，要是不小心用雷射筆直射到貓眼，這也是很危險的舉動。

Q 看來給牠有形體的獵物會更好。

A 沒錯，可以拿釣竿、鼠尾般的玩具陪牠玩。

多樣化的貓咪玩具

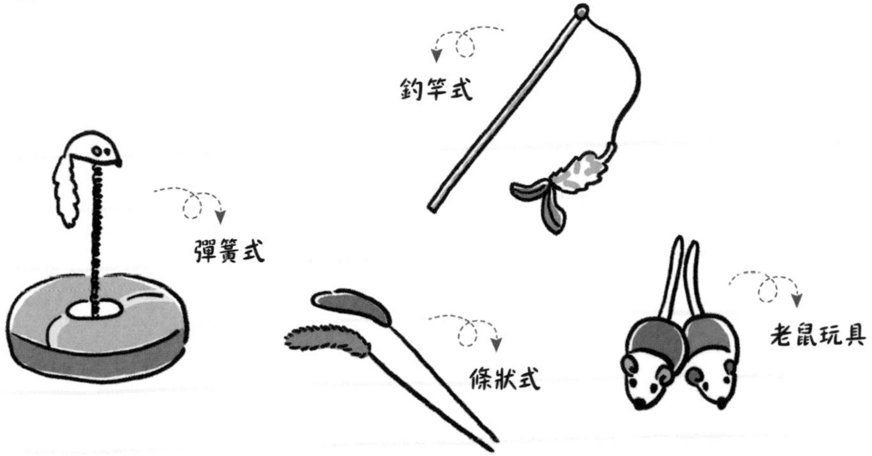
釣竿式
彈簧式
條狀式
老鼠玩具

貓的玩具種類繁多，價差也很大。比起昂貴堅固的玩具，我推薦廉價又鬆軟的玩具。牠抓住獵物會扯開撕開，藉此紓發壓力，堅固又不易毀壞的玩具，貓會很快對它厭倦。讓牠對玩具很快做出反應且玩得愉快，我建議多買些廉價的玩具。

貓種介紹 No.16

斯芬克斯貓 SPHYNX

- 產地　加拿大
- 體型　半外國型
- 毛長　短毛
- 外貌　觸感幾近無毛的短毛貓，擁有大耳，前額與皮膚，有著明顯的皺褶。
- 個性　親和力十足、溫順、動作敏捷且聰明

以無毛為其特點，不過其實牠是有毛的，只是因為毛太短了導致皮膚出現皺摺，而感覺無毛。實際上觸摸牠的身體，有種摸水蜜桃般的觸感，因為臉上的皺紋而看起來愁眉苦臉，感覺很難相處，但是牠的親和力十足。因為皮膚全都露出來的關係，很容易受傷，因此也有人說牠不適合跟其他貓咪一起養。

07

訓練貓咪

#1 我家管家真奇怪

面紙，
手給我
她想幹嘛
哇！我家面紙
是天才
剛好
伸出手
碰
幹嘛
這個動作到底是
想幹嘛？
我們的管家
有事嗎？

貓就要像貓！

狗狗喜歡主人的稱讚，所以可以訓練牠們握手、坐下，但是對於服從他人絲毫不感興趣的貓咪，叫牠們做上述的動作，牠們不懂做這些有什麼意義，與其叫牠們伸出前腳或坐下來，倒不如教牠們一些有益於與人類好好相處的動作會比較好。貓對於訓練完全不管用，想要訓練牠們非常困難，請謹記這點！

我家管家怪怪的！

#2 “嘶”叫聲練習

灰灰又再舔塑膠東西了……
舔舔
嗯……
這是灰灰的壞習慣之一
貓咪討厭一種聲音！據說人們發出蛇的叫聲會嚇壞貓。
這是不錯的方法，但是人怎麼會發出蛇的聲音？
嘶呃～
嘶呃～
效果挺不錯的，但沒想到是用蛇的叫聲
啊！我不想聽
嘶呃～

NO

多多了解這些錯誤的舉動吧！

對貓咪發出“嘶”的類似叫聲，牠可是會很反感。貓咪如果爬上禁止攀爬的地方，或是對不能吃的雞骨頭感興趣時，每當出現這些舉動時，我會學蛇發出嘶嘶叫聲。反覆這種模式時，貓咪就會在動作反應前，開始偷偷地察言觀色，想知道管家會不會有什麼舉動，這種情況訓練貓咪時，嚴禁做出太大的情緒性動作。

嘶啊～
這是貓媽媽罵貓小孩的方法

有什麼問題
盡量問吧！
動物農場
車鎮源
院長

#稱讚與獎勵的效果 #調教 #保特瓶&豆子

對貓主子來說稱讚與獎勵完全不管用嗎？

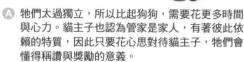

Ⓐ 貓咪也吃稱讚與獎勵這一套。

Ⓠ 什麼？真的嗎？

Ⓐ 牠們太過獨立，所以比起狗狗，需要花更多時間與心力。貓主子也認為管家是家人，有著彼此依賴的特質，因此只要花心思對待貓主子，牠們會懂得稱讚與獎勵的意義。

Ⓠ 但是我更愛我行我素的貓咪耶，我不正常吧？哈

訓練貓咪要用什麼方法比較好？

Ⓠ 直接罵牠會怎樣？

Ⓐ 大聲叫罵反而會讓管家與貓咪的關係變差，所以絕對不要罵牠。

Ⓠ 那麼還有其他調教方法嗎？

Ⓐ 若持續發生問題，與其用叫罵，不如在空的保特瓶裡放入豆子，拿保特瓶敲地板製造聲響，這樣對於改變牠的壞習慣是非常有效的。

敲敲

事先預防問題的動作

乾淨～

✔ 在貓咪行走的路線上先把食物拿開
✔ 書桌清理乾淨
✔ 在書桌上替貓咪打造牠的休息空間

比起讓貓學習，不如自己先預防會更好。

將灰灰愛舔的塑膠物品事先丟到垃圾桶，

書桌上不要放太多東西，就算牠爬上書桌，為了不讓牠妨礙我做事，

準備好貓咪的休息空間，管家們請用心思在這類的預防動作上。

貓種介紹

No.17

土耳其安哥拉貓 TURKISH ANGORA

- 產地　土耳其
- 體型　外國型
- 毛長　中長毛
- 外貌　白毛如雪，清澈又湛藍的眼睛
- 個性　智商高且好奇心重，喜歡人，特別是喜歡主人

湛藍貓眼發出光芒，配上雪白毛髮，是極為美麗的貓主子，牠的雙眼顏色不同，這種眼睛被稱之為“異色瞳”。而“異色瞳”的貓咪大多聽力不大好，毛長介於長毛與短毛之間，剛好是中長度，所以被歸類是中長毛貓。

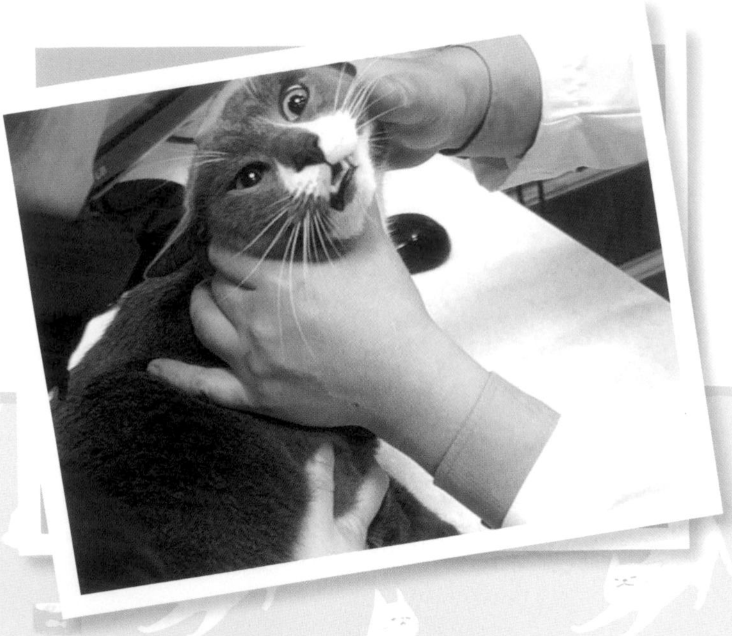

PART 4

健康的貓咪

#1 吃草的貓

有別於以往
面紙的嘔吐
黏黏的
嘔吐～
怎麼回事？
怎麼會吐出像
大便的東西？
原來……
這就是毛球啊！
貓吐的毛球還以為是一團
圓圓的毛球，沒想到竟是
長的像大便的條狀物……
什麼大便，
說得太過份了！
你看看，這是我
種了幾週的貓草，
只要吃下這個，就能
減少毛球有助消化。
你叫我吃
這些草嗎？
它好像散發著對腸
胃消化好的味道
喵
搞…什麼…

01

嘔吐、腹瀉

頻繁的嘔吐是患病的信號

健康的貓也會嘔吐，舔毛後吃下去的毛會吐出毛球，或是飯吃太快也會嘔吐。但要是連吐了好幾天，有可能是生病或是因為頻繁的嘔吐以致脫水。因此如果吐的情況不只一次或是口吐白沫的話，身體應該是已經出現異常狀況，請立即送醫治療。

要是討厭吃草，還有化毛
飼料或點心哦～呵呵
早就該拿這給
我吃了吧

#2 進進出出

咦？牙籤剛才明明
才去過廁所……
我出來了
嗯……
牠不大對勁，
偷看牠在做什麼
啊！牠在烙賽
（台語）啊！
使勁拉～
狂拉～
牠的毛沾著
剛拉的屎！
啊～
為何
哀嚎？

NEW

找出腹瀉的原因吧！

貓也像人一樣會突然拉肚子，尤其在給牠換新的飼料時，有可能會腹瀉。所以在換飼料時，在原先的飼料裡倒進一部份新的飼料一起餵牠吃，就比較不會拉肚子。貓咪拉肚子的時候，會常常進出廁所，管家得注意一下牠去的次數，所以當個管家不容易吧？腹瀉的原因實在是太多了，要是不停的拉肚子，還是帶去給醫生檢查吧！

肚子不大舒服～喵

有什麼問題
盡量問吧！
動物農場
車鎮源
院長

#嘔吐原因 #毛球 #採集嘔吐物 #便秘症狀

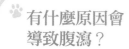

有什麼原因會導致腹瀉？

A 貓舔毛時會吃下部份的毛，所以有時會嘔吐。

Q 這是毛球嗎？那麼牠會吐出吃下的毛嗎？

A 對，據說可以確認到牠吐出的嘔吐物裡面有毛球。

Q 要是腹瀉不止該怎麼辦？

A 牠不是吐毛球而是其他東西，1週反覆吐了3次以上的話，那牠一定是哪裡不舒服，最好帶去醫院檢查。

貓吃下吐出的東西沒關係嗎？

A 貓不是會反芻的動物，吃下吐出的東西對健康有害。

Q 所以看到牠吐出東西，要立刻清掉才行

貓咪便秘症狀有哪些？

A 貓比狗還容易累積壓力，還會常便秘。因為便秘的關係，去做切除腸子手術的問題相當常見。

Q 便秘症狀有哪些？

A 大便前一直繞圈圈，沒有立刻大出來。看起來很難受的話，就有可能是便秘、糞便短或過於軟爛等因素，這些都是便秘症狀之一。

Q 要怎麼預防便秘？

A 餵牠喝充足的水，餵牠吃貓用益生菌，都可有效預防便秘。

貓主子發出身體不舒服的信號

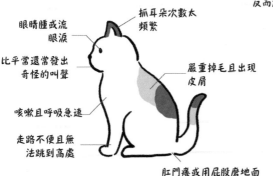

頻繁嘔吐
食欲不振沒精神
食欲變旺盛體重反而減輕
口臭嚴重且流口水
身體癢且會抓咬
糞便狀態差且次數變多
喝水量比平常多或尿量變多

抓耳朵次數太頻繁
眼睛腫或流眼淚
比平常還常發出奇怪的叫聲
嚴重掉毛且出現皮屑
咳嗽且呼吸急速
走路不便且無法跳到高處
肛門癢或用屁股磨地面

貓不僅不會說我生病了，
也不會表現出生病的樣子。
平常貓咪吃飯的次數、
如廁狀態、呼吸聲音、活動量等等日常生活，
請務必多加觀察和關心。要是出現跟以往不同的異常症狀，
別拖延立刻送去醫院檢查吧！

貓種介紹 No.18

布偶貓 RAGDOLL

- 產地　美國
- 體型　體長健壯型
- 毛長　中長毛
- 外貌　代表性的大型貓之一，淡黃色被毛，如狸貓般眼周是黑色
- 個性　忍耐力強且性情溫和

被稱為貓界門面擔當的超級美貓。姿態優雅，有著厚實的奶油色毛髮，眼睛周圍的褐色毛色，就像是戴著墨鏡那般。牠也跟狸貓長的有點像，因為是大型貓，骨架大且體重有點重。布偶貓的名字由來是因為抱牠時，就像玩偶一樣，頭和腳會自然下垂，因為牠很會忍耐，而且擁有溫和的性格，變成成貓則需四年時間。

02

眼睛、牙齒保健

#1 貓的專用牙刷

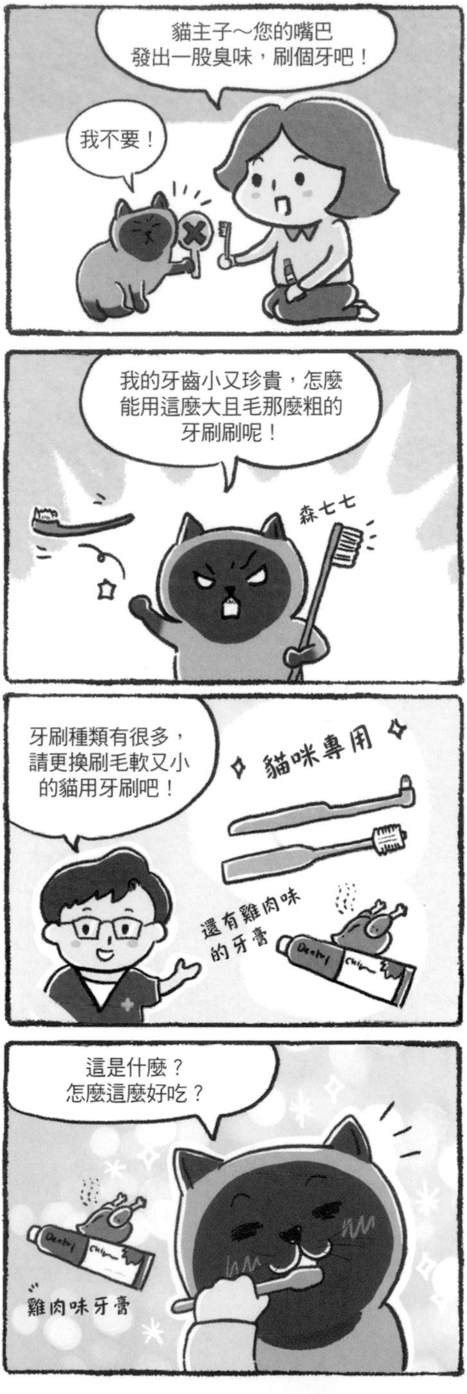

貓主子～您的嘴巴
發出一股臭味，刷個牙吧！
我不要！
我的牙齒小又珍貴，怎麼
能用這麼大且毛那麼粗的
牙刷刷呢！
森七七
牙刷種類有很多，
請更換刷毛軟又小
的貓用牙刷吧！
貓咪專用
還有雞肉味
的牙膏
這是什麼？
怎麼這麼好吃？
雞肉味牙膏

就算很困難，也是一定要刷牙！

貓的牙齒清理很重要，累積牙結石或罹患牙周病時，有可能會引發嚴重病痛或是得拔掉全部牙齒，在牙結石形成堆積前，替貓刷牙的事先預防是很重要的。

我看你好像別有目
的啊‧‧‧‧‧‧
這牙膏真好吃，
你再替我刷一次

#2 貓也會流眼淚？！

想哭
還真是令人難過的劇情…
TV動物農場
我也哭了
灰灰，你也想哭啊！
吃驚
這劇情就連貓看了都想哭
大哭
我只是感冒而已
她有事嗎

貓咪流眼淚的原因

我生病了......

貓流淚的原因有很多種，在這當中最常見的原因，是被稱為貓感冒的貓皰疹病毒，伴隨著單眼紅腫、流淚、流鼻水、打噴嚏等症狀，特別是灰灰感冒的話，就沒那麼容易痊癒。若對牠流眼淚的症狀一直不予理會，很有可能會得結膜炎，要是眼睛出現異常症狀，一定要去醫院檢查。

這是貓咪的感冒症狀
流鼻水

有什麼問題
盡量問吧！
動物農場
車鎮源
院長

#替貓咪刷牙的方法　#流淚原因

每天都得刷牙嗎？

A 最好每天替貓咪刷牙，不行的話，1星期至少刷1次以上。

Q 貓主子超討厭刷牙……

A 堆積牙結石的話，會引發痛症，容易罹患各種牙齒疾病，比起牙痛，刷牙的痛苦會好上一百倍。

有什麼原因會讓貓流淚？

A 人打呵欠會流淚，睡醒後會有眼屎。貓跟人是一樣的，但若是淚水太多造成潰爛產生發炎，可能要檢查一下牠是否得淚溢症。感染貓皰疹病毒時，會出現流淚、流鼻水、打噴嚏等症狀，淚溢症也會出現上述症狀。

Q 看來要是牠流太多淚得馬上帶牠去醫院。

貓咪的牙齒健康取決於管家

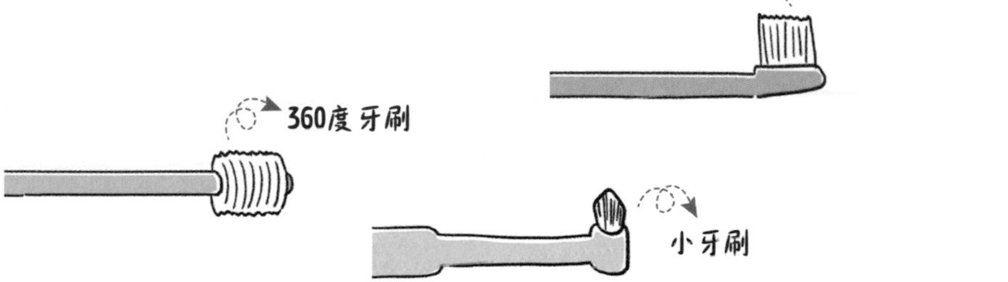
人用臼齒牙刷
360度牙刷
小牙刷

市面上易於買到各式各樣牙刷，我推薦買貓用牙刷。貓牙小又細，所以得買小牙刷才會適合貓的牙齒，人用的臼齒牙刷也適合貓牙。要是幫貓咪刷牙有困難的話，可以嘗試將手指套上紗布，替牠刷牙也行。

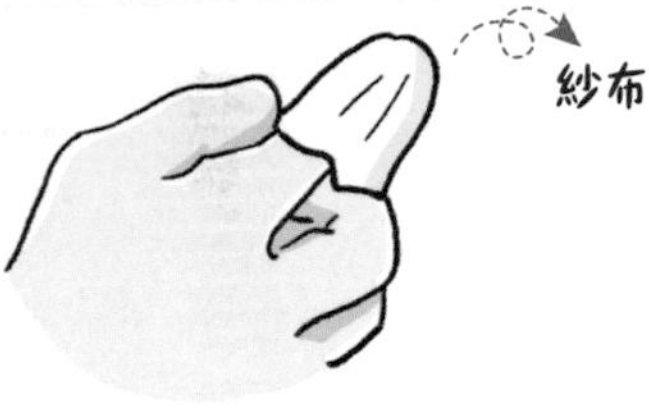
紗布

貓種介紹 No.16

家貓 DOMESTIC CAT

- 產地　韓國
- 體型　外國型
- 毛長　短尾
- 外貌　骨骼健壯且全身肌肉發達，毛色與眼睛顏色有很多種
- 個性　活潑、野生、好奇心旺盛、也有著難搞性格

我們稱牠為韓國短毛貓，是常見的當地貓。韓國短毛貓並非是官方正式名稱，而是愛貓人士替牠取的暱稱，而家貓才是牠的正式名稱。牠有著多種遺傳基因，所以牠有很多不同性格，外型也有很多種，有燕尾服、三色、奶酪、鯖魚、乳牛、雜色、全黑等……以此分為7種花色。

03

健康的核心──水

關心一下貓的水份攝取吧！

灰灰7歲時在腎臟裡發現結石，所以我比之前還會多讓牠喝水，定期帶牠去做檢查。據說貓死亡的第一順位疾病便是腎臟相關疾病，由於這類疾病跟水份攝取有密切關係，得喝充足的水才行。但是貓主子就是不乖乖地多喝水，因此不給牠吃含水量低於10%的乾糧，而是常餵牠吃含水量70～80%的貓罐頭。

好好吃的罐罐
要常常給我吃這個

#1 健康異常的信號

今天是灰灰7歲生日跟健康檢查的日子
惠主家會在貓生日當天帶牠去做健康檢查
嗯，灰灰的腎臟裡發現一顆結石
雖然灰灰還年輕，不過這是喝水量不足所產生的疾病之一。
要是水喝多就能降低形成結石的機率，請你幫牠多攝取些水份。
推薦富含水份的貓罐頭！

#2 管家的水是我的

好！那麼
開始進行今天
的工作吧！
哦耶
那個
馬克杯是？
喂！那是
我的水耶！
舔舔
舔舔——
裝在馬克杯的水
還真好喝
好啦，
我會用馬克杯
裝水給你喝
真是

每隻貓喜歡喝的水也都不一樣

家裡放有6個以上的盛水容器，但是每隻貓偏愛的容器並不相同，玻璃杯、馬克杯、瓷碗、矽膠容器……等。讓愛貓試用看看各種不同容器，試喝飲水機的水、自來水等不同味道的水，之後在貓主子偏愛的容器裡裝水，這樣才能讓牠多喝水。為了讓牠覺得水好喝、讓牠常喝水，管家們請全力以赴吧！

我愛喝大碗
裡的水
我愛玻璃
碗裡的水
我愛近
處的水

動物農場
車鎮源
院長
有什麼問題
盡量問吧！

#適當飲水量

請告訴我貓一天要喝多少水

Ⓐ 4公斤的貓一天所需水份量是200ML，每0.5公斤加減20ML，以這樣方式計算時，就可以得知家裡的貓所需的水量。

Ⓠ 但是即使把水放在牠面前，牠也不常喝。

Ⓐ 沒必要用水讓牠喝到一天所需的水份量，濕糧或點心裡含有一定比例的水份，就算給牠吃食物，也能讓牠多喝點水。

Ⓠ 要想讓牠多喝水有沒有什麼好的方法？

Ⓐ 要給牠喝新鮮的水，要是牠不常喝裝在容器裡的水，試看看不裝在容器裡讓牠直接喝流動的水，據說大多數的貓喜歡直接喝流動的水。

Ⓠ 我有聽說貓喝太多水身體會出問題……

Ⓐ 當貓喝超出一天所需的水份量過多時，得當心是否罹患貓糖尿病、發炎性疾病、甲狀腺機能亢進、便秘、泌尿相關疾病…等。要是出現異常狀態，必須去醫院檢查。

Ⓠ 看來得好好監視一下。

Ⓐ 監視……不用這麼誇張啦！

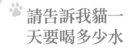

讓貓喝水的小秘訣

貓薄荷粉
CATNIP
罐頭湯汁
雞肉汁

要是用盡所有方法牠還是不太愛喝水，在水裡灑點貓薄荷粉，或是倒點平常貓主子愛吃的濕糧湯汁，抑或是煮雞肉的湯汁，加入上述這些東西在水裡也是不錯的點子。

貓種介紹 No.20

美國反耳貓 AMERICAN CURL

- 產地　美國
- 體型　半外國型
- 毛長　短尾、長毛
- 外貌　耳朵反摺後末端呈圓型、毛色與眼睛顏色有很多種
- 個性　積極表現牠的情緒且聰明

反摺型的貓耳是很獨特的，因為如此牠是稀少罕見的貓品種，長毛跟短毛都有，但是短毛比長毛多一些。由於耳朵反摺有時會想把牠的耳朵往上翻起，翻起時得小心牠的軟骨，不過只有耳朵比較需要注意，是非常適合新手管家飼養的貓。

04

會傳染給人的疾病

#1 貓癬

牙籤得貓癬哦！
這種病傳染性強，
還會傳染給人，
直到牠病好前，得做
隔離措施。
啊，好！
你要把我
關在房裡嗎？
我心太軟沒辦法把
牠關起來……
幾週後

也會傳染給管家的貓癬

貓癬也被稱為金錢癬、乾燥圓形斑疹，這種病會傳染給人，它的傳染性強，並且得花很久時間貓才會痊癒。惠主家的貓得金錢癬，花了3個月的時間牠才康復，不僅要做隔離措施，還要勤快的送牠去醫院治療，才能讓牠早日康復。

也曾經傳染給醫院的
所有醫護人士

#2 對貓過敏

來惠主家玩的朋友
哇啊啊啊！
灰、袋、面、牙！
喂～你沒事吧？
流鼻水
我是第一次摸貓咪，
我是不是對貓過敏？
應該是過敏，那麼已
經看過貓咪我們可以
去咖啡廳了～
不要，我現在實在
是太開心了
他就這樣流著鼻
水跟貓玩了12個
小時才走……

犯人不是毛
而是唾液

Fel d1

雖然大家都說貓毛是引起過敏的原因，實際上卻是貓的口水中含有特殊蛋白質成份，才會引發過敏，對貓過敏的人會有打噴嚏、搔癢、流淚、流鼻水……等上述症狀。像我朋友可以忍受一天，卻無法忍受10年，因此務必在領養貓之前，確認自己是否對貓過敏。

對他感到抱歉～喵
淡定～

動物農場
車鎮源
院長
有什麼問題
盡量問吧！

#貓癬 #過敏

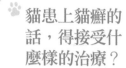

貓患上貓癬的話，得接受什麼樣的治療？

A 至少要服用2週到8週的抗真菌藥物以及塗藥膏，這樣的話可以讓貓痊癒，但是它的傳染性很強且復發率高，要定期帶去醫院檢查。

Q 有沒有預防方法？

A 貓癬是最常見的病，貓的皮膚比人還脆弱，只要免疫力降低一些，很容易就會患上貓癬，當務之急就是做好免疫力管理與環境管理。

Q 環境管理的話，要注意哪些地方呢？

A 室內的高濕度與骯髒的環境有可能成為患病原因，所以請維持適當濕度與保持室內通風。

聽說對貓過敏不是因為貓毛？！

A 這是真的，引起過敏的物質是Fel d1蛋白質，貓的唾液、角質以及眼淚皆含有此成份，這個蛋白質藉由舔毛散佈到全身的被毛上，進而影響人。

Q 啊！原來貓毛不是主因。

A 公貓分泌的Fel d1比母貓多，而據說特定品種中有俄羅斯藍貓、東方短毛貓、斯芬克斯貓、石虎……等，上述提到的這些貓牠自身分泌的Fel d1量較少。

Q 對貓過敏的人只要養您剛提到的那些貓就行了吧？！

A 這很難說，我無法斷言說那些貓不會引起過敏。

Q 原來如此，要是帶貓貓回來後，才發現自己對貓過敏，有沒有什麼方法解決？

A 把貓跟活動範圍隔開，寢具得經常清洗，跟貓接觸後務必要洗手，應該能避免引起過敏。

Q 果然不是件簡單的事，看來事先檢查一下自己是否對貓過敏是有必要的。

A 沒錯，耳鼻喉科或內科都可以做貓咪過敏症檢查，所以養貓前最好先去做個檢查。

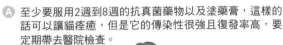

使貓難受的貓癬

牙籤下巴的毛長出金錢癬

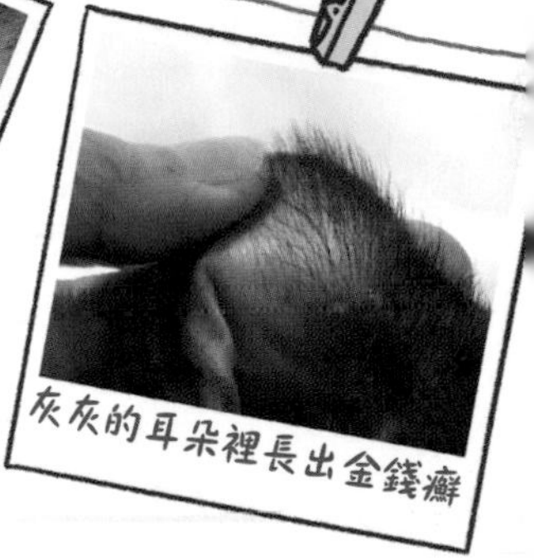
灰灰的耳朵裡長出金錢癬

得貓癬的3隻貓中，牙籤是最快痊癒的，
因為傳染貓癬的就是牙籤，面紙花了1個月的時間
才康復，灰灰則是花了3個月。看似漸漸康復中，
卻又再度紅了一塊，好了一塊又長出一塊。貓的康復速度跟免疫力是有關係的，相較之下小病不斷的灰灰花了最多治療時間。

貓種介紹 No.21

曼島貓 MANX

- 產地　英國
- 體型　外國型
- 毛長　短毛
- 外貌　骨骼健壯且全身肌肉發達，毛色與眼睛的顏色有很多種
- 個性　活潑、十分擅長狩獵、溫馴且具社交性

牠沒尾巴或是有的像兔子那樣尾巴短短的，但是在保持平衡上不構成問題。因為牠的後腳很有力，也有傳說說牠之所以無尾是因為急著跳上諾亞方舟，諾亞關上門夾到牠的尾巴，才會使得牠的尾巴變短。牠擅長狩獵，就算是比自己大的獵物也能輕易到手。

05

結紮手術

#1 結紮手術過程
我要預約這個星期六
因為要接受幾項檢查，8個小時內都不能餵食。
手術當天
我會先做檢查，先看看牠的身體狀況是否可以打麻醉或做手術
牠可以打麻醉跟做手術，雖然10分鐘內可以做完手術，但是等麻醉藥退得等1～2小時。
好，我哪都不去在這裡等牠麻藥退掉
淚眼婆娑
啊！面紙得交給我呀……
手術結束麻醉藥退後，便是手術告一段落。另外，按照醫院指示，有可能還要來醫院拆線。
好！
防舔項圈

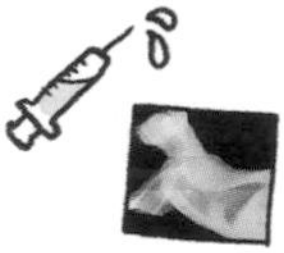

手術前的檢查是有必要的

手術前要是沒有先做檢查而直接手術的話，很有可能會危及到貓的生命。檢查費用對管家有些負擔，但是可以跟獸醫討論一下檢查項目，像血液檢查、拍X光片、抗體檢測等……這些是必做的，手術後最好待在家一到兩天照顧牠，請管家記得空出時間來。

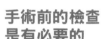

現在變得更健康，
可以活得長長久久

#2 只要取出蛋蛋

面紙的監護人
是我！
站起來
動物醫院
面紙的結紮手術已經順利完成，牠的麻醉藥也退了。
呼！太好了
這是面紙的蛋蛋，像這樣完整地取出了
啊！您不用特地給我看這個
我當作沒看見
笑笑
我給你看這個是要跟你說代表手術順利結束。

公貓與母貓不同的結紮手術

據我所知公貓只要取出蛋蛋就行了，但是母貓卻沒那麼簡單，根據性別不同，結紮的方式也不一樣。公貓只要切開陰囊取出睪丸即可，母貓則是透過開腹手術摘除卵巢和子宮，手術部位與切割長度不一，因此費用與恢復時間也有差異。

我的蛋蛋被取出
只剩蛋殼了～

動物農場
車鎮源
院長
有什麼問題
盡量問吧！

#結紮手術 #貓發情

一定要做結紮手術嗎？

A 很多管家都覺得貓做結紮手術很可憐，但是不給牠做手術所帶來的疾病與生理反應才會讓牠很可憐，牠發情時壓力會變大。一年當中有數次發情期，貓叫春不會輕易停止，若不結紮患上泌尿道症候群或致命的乳腺腫瘤的機率會變高，因此為了貓的身心健康，替牠做結紮手術比較好。

Q 貓發情時會有什麼變化？

A 這時公貓與母貓都會受到極大的壓力，公貓會到處亂噴尿做記號，還會想要一直出去找母貓。搞不好離開家裡後，跟其他貓爭地盤打架，回家時傷痕累累，這種情況有很多。母貓也會因為發情一直叫春，導致睡不好覺。

Q 那麼結紮手術在什麼時候做比較好？

A 公貓在出生後6到8個月之間，母貓則是在7到8個月左右做比較好。研究結果顯示太早做手術的話，患上泌尿道症候群的機率會變高。

♂
♀

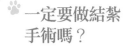

做結紮手術可以避免的行為

✓ 叫春

讓貓做結紮手術奪走了牠的本能，管家也許會對牠感到抱歉，但是發情帶來的壓力與身體異常信號，會帶給牠無比的苦痛，這是一條能讓貓的身心健康，還能帶給管家與貓主子幸福之路。所以請不要自責，貓咪做完結紮手術後會變胖，因此切記手術後要做好貓的體重管理。

✓ 到處噴尿

✓ 生殖器相關疾病

✓ 非自願性的懷孕

✓ 發情導致離家出走

貓種介紹 No.22

喜馬拉雅貓 HIMALAYAN

- 產地　美國、英國
- 體型　短身型
- 毛長　長毛
- 外貌　跟暹羅貓相同的毛色，擁有厚實的淡黃色被毛與藍色眼睛
- 個性　安靜又優雅、愛玩活潑

外型看似在牠全身奶油色的毛上，在臉、耳朵、尾巴和腳的部位沾上墨汁，看起來像玩偶卻又有種優雅氣質。是短身型的貓，臉圓眼也圓，耳朵小小的，是隻超可愛的貓咪。由於牠的被毛厚實，被毛護理是很重要的，不時時替牠梳毛很容易打結，牠會不舒服。

06

疾病預防與管理

#1 預防針注射

哈啾ー
好像又得疱疹了
*疱疹：
單純皰疹病毒，指的是貓感冒
就是說啊！我有聽說打預防針就能預防疱疹……
我明明有打過針為什麼還會得疱疹？
在灰灰還小的時候
笑笑～
你什麼時候帶牠去打預防針？
過了太久了
預防針得定期注射會比較好
啊？！原來已時隔4年了……

定期接種預防針&接受抗體檢測

透過預防針注射而產生的抗體，隨著貓的體質與健康狀態，效果會不同，所以抗體檢測也跟接種預防針一樣重要。藉由抗體檢測可以得知抗體是否不足，檢查完後跟獸醫諮詢一下接種預防針相關事宜，因此定期健康檢查是不可避免的。

這不是掐我脖子吧……

#2 愛監視的管家

看看牠吃飼料有沒有掉出來
有種受到監視的感覺
該不會只有尿一點點吧？
真是的，連尿尿都要看
看看牠有沒有常常喝水
感覺背後有股寒意
呼吸應該沒有急促吧？
有種連夢中都被監視的感覺……

確認！！

管家的監視是有理由的

貓的身體有沒有不舒服的地方，留心觀察是極為重要的。而疾病徵兆會在既定行動模式下最先表現出來，要是吃飼料時掉太多出來，應該是牙齒出現問題，比平常喝的水還多或是小便量出現變化時，可以懷疑一下是否患了腎臟相關疾病。

左看！右看！
太近了……

有什麼問題
盡量問吧！
動物農場
車鎮源
院長

#健康檢查的時期 #代表性的疾病徵兆

什麼時候接受健康檢查比較好？

A 像幼貓的話，領養後就得立刻帶牠去做基本檢查，就算檢查後沒問題，最少也要觀察一星期。

Q 為什麼要這樣做？

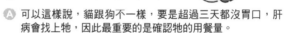

A 即使牠有感染病毒，檢查當下是無法確診出來的，要是兩週後身體都沒異常，就可以 斷定牠是健康的貓咪。

Q 那麼什麼時候要讓成年貓做健康檢查？

A 超過7歲的貓，一年得做一次定期健康檢查。

代表性的疾病徵兆有哪些？

A 最基本的就是食慾不振。

Q 像人一樣生病的話就會沒胃口呢！

A 可以這樣說，貓跟狗不一樣，要是超過三天都沒胃口，肝病會找上牠，因此最重要的是確認牠的用餐量。

Q 觀察牠有沒有好好吃飯，還有其他的嗎？

A 除此之外，腹瀉、嘔吐、行走變緩慢遲鈍、毛變粗……等，都有可能是疾病徵兆。

貓做健康檢查時所檢查的項目

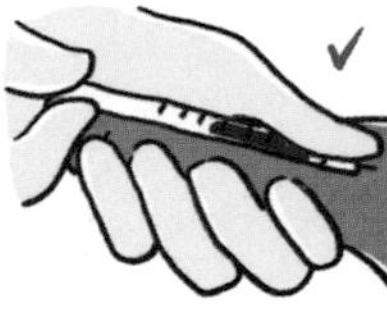
✓ 血液檢查

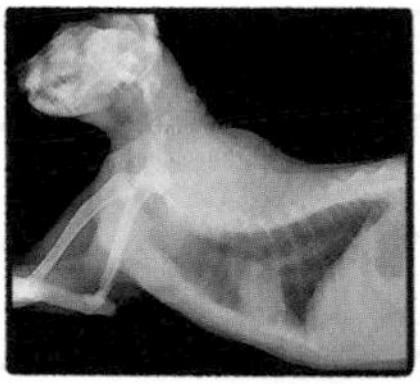
✓ 拍X光片

✓ 牙齒檢查

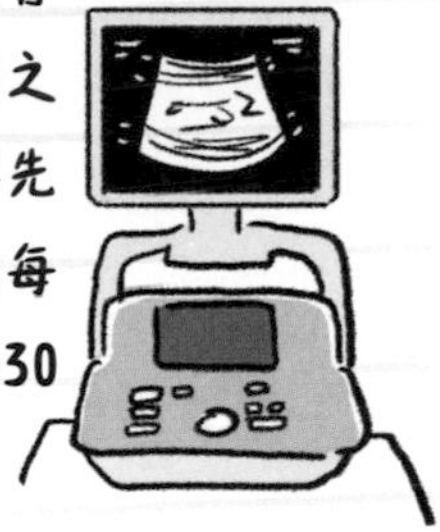
✓ 超音波檢查

貓就算有不舒服的地方也不會表現出來，牠很能忍耐，所以大多數發現貓咪生病時，已經是病情無法挽救的地步。因此就算牠看起來沒有不舒服的地方，還是得定期接受健康檢查，早期發現疾病才能早點治療。對管家而言診療費用會有點負擔，但是比起之後發現牠得病，花的費用會更龐大，得先知道這點才行。在醫藥費方面，建議每個月先存2～3萬韓圜(相當台幣550～830元)，以備不時之需。

貓種介紹 No.23

高地摺耳貓 HIGHLAND FOLD

- 產地　蘇格蘭
- 體型　半短身型
- 毛長　長毛
- 外貌　厚實的被毛、耳朵向前摺
- 個性　安靜又沈穩，很聽話及愛撒嬌

牠跟蘇格蘭摺耳貓一樣耳朵向前摺，但牠是長毛貓，牠符合半短身型貓的特點，圓圓的臉蛋十分可愛，牠的被毛配上牠的摺耳，看上去跟貓頭鷹挺相似的。牠跟蘇格蘭摺耳貓有親戚關係，得留意關節相關疾病，安靜又溫馴的牠並不常生氣，愛撒嬌又會乖乖聽話，是隻可愛到極點的貓咪。

PART 5
乾淨的貓咪

01. 指甲修剪
02. 毛髮管理
03. 洗澡
04. 貓咪美容

01

指甲修剪

#1 磨指甲的快感

喵嗚～～～
好舒服呀
爽～磨指甲就是
這種FU～
脫落的老
舊指甲
弟弟，你也磨磨吧。
自古以來貓指甲必須要鋒利～
這樣啊？
噗─噗─
我抓～
啊啊……
那個……

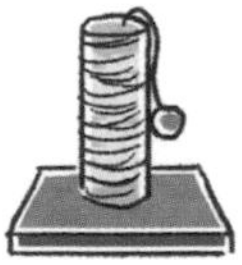

家中處處需必備的貓抓板！

許多人以為貓咪磨指甲後指甲就會變鈍，其實反而變得更加銳利。因此自身磨不到的後腳指甲才會比較偏鈍。此種磨指甲的舉動，其實是在管理牠們自身的武器，也是本能的習性，無法阻止。若想堅守家具和牆壁的安危，只要在家中各處放置貓抓板準沒錯。

這是我的武器！

#2 剪指甲真麻煩

今天是貓主子的修甲日～
半睡半醒的時候指甲最好剪了！
ZZZ……
哼哼
實在太想睡了，就讓妳剪吧……
面紙漸漸緊張起來……
!!
哇～妳要殺我！
不會啦

指甲需定期修剪

貓咪的指甲必須定期修剪，指甲若是過於鋒利，會不小心劃傷管家，也擔心勾到窗簾或地毯造成疼痛。不過，牠們很不喜歡被摸腳或被抱，因此要幫牠們剪指甲不太容易。所以，從小開始就要慢慢讓牠熟悉剪指甲這件事。

指甲勾到
可是很痛的
切
所以還是
剪掉的好……

有什麼問題
盡量問吧！
動物農場
車鎮源
院長

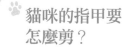

#剪指甲 #指甲倒勾

貓咪的指甲要怎麼剪？

A 抓住貓咪的肉球按壓下去，藏於肉球間的指甲就會顯露出來。這時，看得到白色指甲間的粉紅色血管，只需將血管前的指甲剪掉就可以了。

Q 初次剪指甲有需注意的地方嗎？

A 初次剪指甲適合在睡覺、放鬆的狀態、或是休息的時候。小心翼翼、慢慢地剪可能更容易造成貓咪的反感，必須簡潔有力一次剪掉。若是反應過於激烈，必須馬上停止動作。

Q 喵喵真的好討厭剪指甲……
有沒有更簡單的方法呢？

A 貓咪的腳和指甲是狩獵必需的武器，所以不喜歡被摸很正常。有一個方法，平時可多摸牠的腳，使牠熟悉。
之後，給牠喜愛的零食或陪玩遊戲，也能降低牠對剪指甲的抗拒感。

聽說指甲會倒勾？

大多只要有用貓抓板磨指甲，就不太會有這種情況。但在無法磨爪的環境下，或是指甲非正常生長，就會發生指甲倒勾的狀況，平時還需多多觀察。

貓指甲的安全剪法

按壓

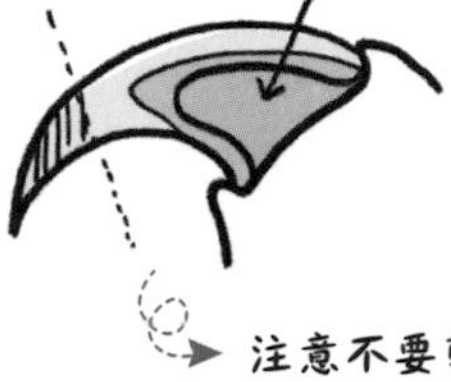
血管
注意不要剪到血管哦！

① 輕輕抓住腳掌按壓，使指甲露出。

② 露出的指甲需留意細看，避開有血管處，僅剪白色部分。

③ 若是貓咪太過抗拒，建議可分次修剪。

注意：請在光線明亮的地方修剪

貓種介紹 No.24

東方短毛貓 ORIENTAL SHORTHAIR

- 產地　英國、美國
- 體型　東方型
- 毛長　短毛
- 外貌　耳朵大，臉尖。身體纖細單薄，毛短亮澤，有各種毛色和不同眼睛顏色
- 個性　善於狩獵、社交性好

長相獨特，是個極有特殊魅力的品種。四肢修長、骨骼纖細，典型的東方型體格。乍看之下，長得不像貓的外貌顯得有些陌生，毛色或花紋足足有300種以上，相當豐富。 外貌看起來很機靈，動作也非常迅速。喜歡玩耍、個性活潑，能馬上和人親近，與其他動物也能好好相處。

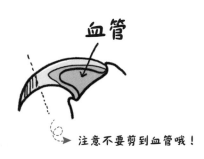

02

毛髮管理

定期梳理毛髮，維持花美男樣貌

初次遇見長毛貓有很多感到新奇的地方，毛髮飄揚的型態也不一樣（雖然一樣很會掉毛），連梳理方式都不盡相同，需要有更多的耐心。不管是長毛還是短毛，都要定期梳理毛髮。貓咪很喜歡管家梳理時的手感，藉此可一起享受幸福的時光，也能減少貓咪掉毛量。特別是長毛貓自己管理毛髮相當吃力，所以一定得仰賴管家幫忙。

幫你梳毛挺累人的

#1 牙籤的美貌取決於管家

開始掉毛了，要梳理了。
毛長且多的長毛貓—牙籤
哇……和短毛貓的感覺完全不一樣
隔天也在幫牙籤梳理
甚至天天都要梳理才行耶！
你還真是麻煩呀
我們是孝子喵～

#2 成為管家後的生活變化

一天要吸兩次地
ZZZ
我家的洗衣分類法
不能沾到毛的衣服
沾到毛也無所謂的衣服
裡面有貓毛耶！
就吃吧～
美味
黑色衣服買來許久……
全部是
貓毛—

貓掉毛是管家的宿命

一堆～

每次被問到「4隻裡面誰最不會掉毛？」我都說：「4隻都很會掉毛。」不管是什麼品種，都挺會掉毛的。清潔方法和次數不同，連帶生活都有很大的變化。也有過貓咪太會掉毛，遭到飼主棄養或是拋棄的案例。為杜絕這種事情發生，絕對要先覺悟貓咪掉毛這件事再領養。

有你陪我，
這點毛算啥～

動物農場
車鎮源
院長
有什麼問題
盡量問吧！

#長毛貓　#毛髮梳理　#換毛

對長毛貓來說梳毛有何用意？

A 短毛貓的問題比較不大，但長毛貓的毛長易打結。而且一旦皮膚不通風，患皮膚病機率高，連毛髮整理也變得更為困難。

Q 原來不是單純為了好看而梳毛啊！

A 沒錯，特別是如果無法好好整理毛髮，就會很難消除壓力。會因為這樣變得較敏感、攻擊性強，甚至與管家的關係都有可能惡化。

Q 天啊！居然還會危及與管家的關係……那麼梳毛的頻率要多少次？

A 長毛貓的話一天最少一次，別忘了，可以在睡覺或放鬆的狀態下幫牠梳毛，讓牠養成習慣。

Q 好的！對了，貓咪也會換毛嗎？

A 貓咪主要換毛的季節為春、秋兩季。

Q 您是說有換毛的季節嗎？但我們家的貓一天到晚都在掉毛耶……

A 是……其實家貓們換毛幾乎是隨時隨地。如果經常幫牠梳毛，能夠減少毛髮脫落的問題。

Q 果然還是經常梳理為上策啊！

因應不同毛長的梳子種類

✔ 長毛和短毛的被毛形態不同，因此梳子也需妥善挑選喔。

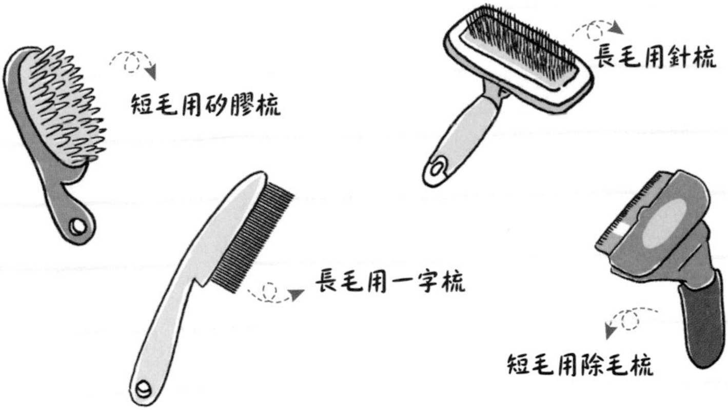
短毛用矽膠梳
長毛用針梳
長毛用一字梳
短毛用除毛梳

貓種介紹 No.25

伯曼貓 BIRMAN

- 產地　緬甸
- 體型　體長健壯型
- 毛長　長毛
- 外貌　蓬鬆的被毛，與暹羅貓一樣，有著重點色和藍瞳
- 個性　愛玩且活潑，雖怕生，但愛對主人撒嬌

由古代伯曼(緬甸的舊稱)寺廟裡的僧侶飼養，視為護殿神貓。正因如此，古典的外貌，散發出一股獨特的神祕氣質。乍看之下與喜馬拉雅貓神似，但伯曼貓其實有個鮮明的特徵，那就是四肢腳掌像戴上了白色手套一般，一看腳部馬上就能辨別出來。

03

洗澡

貓咪每天都在洗澡喔！

大部分的貓咪都不喜歡浸在水裡，慶幸的是，牠們並非一定需要洗香香的動物，因為他們每天都會用舌頭舔拭自己的身體。貓咪光花在清理上的時間，就佔了一生的15%以上。如有牠們自己無法清潔的髒污，再幫牠們洗澡就可以了。身體不舒服或上了年紀無法自理的貓咪，這時就相當需要管家的協助囉！

光清潔身體的時間
就佔了一生的15%
CAT
LIFE

#1 神聖的梳洗

灰塵的梳洗教室
第一步，先將前腳舔濕
接著，用微濕的前腳來洗臉
身體逐步清理完之後，最後就是清潔尾巴。
劈腿—
所以我們才這麼乾淨啊～
我自己都沒那樣洗了.....
真是了不起啊！

#2 貓咪洗澡的祕密武器

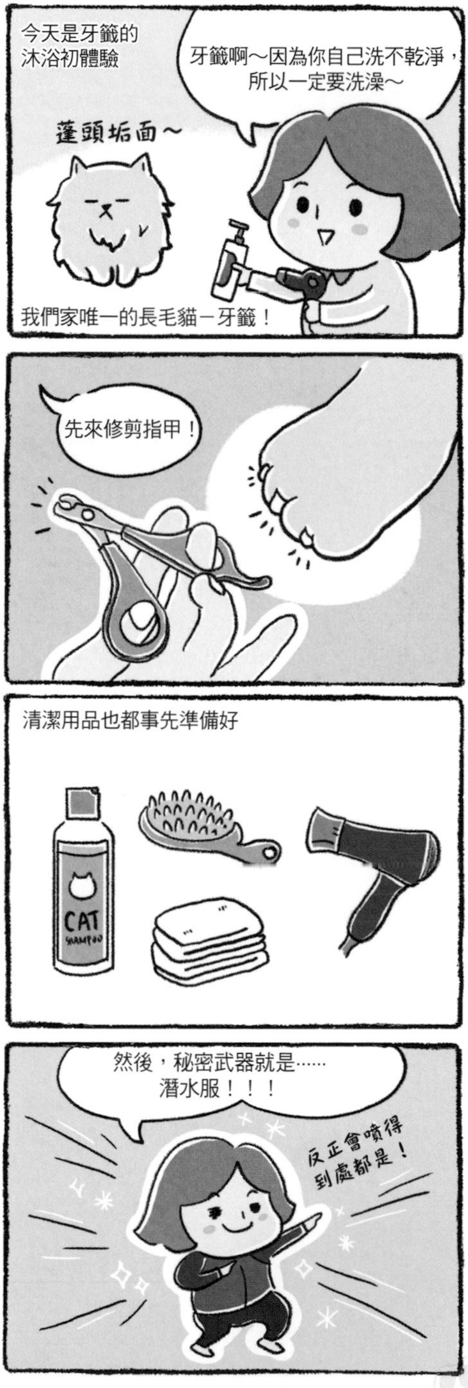

今天是牙籤的沐浴初體驗
牙籤啊～因為你自己洗不乾淨，所以一定要洗澡～
蓬頭垢面～
我們家唯一的長毛貓－牙籤！
先來修剪指甲！
清潔用品也都事先準備好
CAT SHAMPOO
然後，秘密武器就是……潛水服！！！
反正會噴得到處都是！

需要洗澡的長毛貓

長毛貓的被毛厚實且長，靠自己舔拭會有不足的地方，無法清潔深層的毛髮。也因容易沾染灰塵及異物，所以長毛貓需每2～3個月洗一次澡。

一起濕身才不會愧疚

#洗澡方法 #洗澡替代方案

有什麼問題
盡量問吧！
動物農場
車鎮源
院長

如果一定要洗澡，有什麼輕鬆的方法嗎？

A 比起蓮蓬頭，建議用臉盆接水，然後先將腳或手慢慢沾濕，讓牠先適應水。

Q 有沒有代替用水洗澡的方法呢？

A 最近有推出不用水即可洗澡的紙巾或粉狀產品，這也不失為一個方法。但是，牠們自行梳理和洗澡並無差別，故只要在特別髒的時候使用就可以了。

Q 果然是個愛乾淨的動物，要是不討厭水就更好的說……

A 大部分的貓雖然不喜歡水，但從小學習，也有貓咪養成會自動進入水中洗澡的。

Q 袋袋超喜歡玩水的啦。

呵
呵

A 喔……還真難得。

幫貓咪洗澡的方法

①將打結的被毛梳開或剪開，去除廢毛。

②為了快速完成沐浴，先將清潔用品備好。

38.5c

③準備好適合貓咪體溫(約38.5度)的水，從臉到屁股慢慢沾濕。

④除了臉和耳朵，全身用洗毛精仔細搓揉。要用貓咪專用的洗毛精，因貓咪嗅覺靈敏，優先推薦無氣味洗毛精。

⑤將泡泡沖洗乾淨後，用乾毛巾擦乾身體。洗完後體溫會急速下降，必須要注意保暖。

⑥吹毛的同時，用梳子梳理。毛吹得乾乾的固然是好事，但若貓咪不喜歡吹風機，用毛巾擦乾也可以。

貓種介紹 No.26

峇里貓 BALINESE(BIRMANESE)

- 產地　美國
- 體型　東方型
- 毛長　長毛
- 外貌　細長的身軀，與暹羅貓一樣有重點色
- 個性　相當機靈，好奇心旺盛，善於撒嬌

由暹羅貓和土耳其安哥拉貓所培育出來的品種。擁有土耳其安哥拉貓柔軟厚實的被毛、暹羅貓纖細的身軀、天藍色的眼睛以及特殊重點色。長毛飄逸，走路的樣子像及了峇里的舞者，因此取為「峇里貓」。如字面般，是隻高貴優雅的貓咪。

04

貓咪美容

#1 美容最佳時機

屁股的毛毛沾
到大便了啦！
晃來
晃去
來嚕屁屁毛吧！
電剪
?!
咬
頸毛也過長了
這樣就要把毛
全都嚕掉吧

用局部美容
改善生活的不便！

長毛貓因為毛長，有許許多多的不便。像是容易打結、沾到糞便，清潔的時候因頸毛太長吃到而嗆到。這時，可修剪局部的毛髮，解決這些不便。但管家需培養用電剪美容的能力，再進而挑戰剪刀，剪刀可是比電剪危險許多。

把我剪得
好醜啊……
無奈
虛脫

#2 挑戰自助美容

因為太熱，牙籤每天都躺在
廁所地板上
決心
無論如何，夏季
期間都要把牙籤的毛全部理光
購入專業用電剪！
茲茲一
茲茲一
這樣我
怎麼見人？
抱歉～
人都有第一次嘛……
下次會剪得漂亮點

貓咪美容請盡量不要麻醉～

由於被毛厚實，可幫其美容減輕酷熱之苦。但是貓咪主要都是麻醉美容，麻醉會對貓咪的身體造成負荷，除非是非動不可的手術，不然盡可能不要麻醉。不過貓咪在過於敏感的狀態下，為了美容師和貓咪的安全起見，也是有免不了需麻醉的情況。

哇
明年來
試試恐龍
造型吧！

有什麼問題
盡量問吧！
動物農場
車鎮源
院長

#自助美容的注意事項　#貓咪染毛

自助美容時有需注意的事項嗎？

Ⓐ 美容對貓咪來說是種壓力。電剪的聲音對他們而言好比打雷聲，時間拖得越久，壓力就會越大，建議使用音量小的電剪。如果因為太生疏而花費太多時間修剪，不如分幾天來美容也是個好方法。記得，美容後一定要給牠獎勵，與管家的關係才不會產生裂痕。

抱歉

Ⓠ 看來做完討厭的事情後，
還必須得好好安撫啊……哈哈……

貓毛也可以染色嗎？

近期出了許多寵物專用的染色劑，好好遵守使用方法，並不會有太大的問題。

貓咪自助美容法

貓咪美容方法

必須先看影片預習美容的方法
(一開始不要太貪心，請一點一點理毛，培養實力！)

Tip!!

美容的場所和電剪音量相當重要。
為避免電剪的刀片變熱，請準備2個以上的刀片交替使用。

① 將報紙或草蓆鋪在桌上，並準備好塑膠袋、電剪、充電器、以及美容後要餵的零食。

② 為了安全起見，請將貓咪戴上防舔咬頭套。

③ 確認電剪有無發燙，理毛的順序從面積大的背部到腳部。

貓種介紹 No.27

異國短毛貓 EXOTIC

- 產地　美國
- 體型　粗壯型
- 毛長　中長
- 外貌　圓圓的扁臉，扁鼻子，又被稱為短毛波斯貓。
- 個性　溫和可愛，聲音小，較安靜

漫畫《加菲貓》裡的加菲貓就是異國短毛貓，是波斯貓與美國短毛貓交配產生的品種。擁有波斯貓可愛與機靈的外貌、美國短毛貓短而軟的被毛。只有毛長或花色不同，基本與波斯貓相差無異，獨特的臉部表情是魅力所在。

PART 6
貓咪購物趣

01. 玩具、狩獵遊戲　*02.* 貓抓板、貓跳臺　*03.* 必備用品
04. 安全用品　*05.* 貓咪衣服及裝飾品

01

玩具、狩獵遊戲

#1 玩具就在眼前

灰塵還小的時候
咖～
超卡哇依！
揮揮
傳輸線
還沒買新的
玩具啊……
哀怨～
我抓！
我抓！
決心！！
這條線要為灰塵犧牲了！
Bye～
筷子
開心 認真
唉唷，
玩得真好～♥

貓咪喜歡的玩具種類

貓咪喜歡掛著東西晃動、快速移動、或是長線(繩)型態的物品。也喜歡像老鼠有眼睛和尾巴、小鳥的羽毛飄揚等玩具。若看到這類東西在眼前晃來晃去，就會突變為狩獵模式！有釣竿、球狀、老鼠形狀等各種種類的玩具。也有很多管家會用外觀差不多的物品自製成玩具，效果也很不錯！

下個月，要瘋狂買玩具

#2 給我新玩具！

袋袋啊，
來玩遊戲吧～
揮—
揮—
是因為年紀大了，對狩獵不感興趣了嗎？
回來時我
順手買了些玩具！
喵哇哇哇—
什麼嘛……還真是喜新厭舊耶
不是對狩獵不感興趣，
是玩具玩膩了

貓咪的
新玩具狩獵本能！

「我家貓咪看起來對玩具興致缺缺，是失去對狩獵的興趣了嗎？」並不是！跟狩獵比起來，倒不如說是對玩具厭倦了。有可能是對每天都散發相同氣味的玩具感到無趣，建議換一個新的給牠吧。

新玩具
最棒！

有什麼問題
盡量問吧！
動物農場
車鎮源
院長

#玩具種類 #漏食玩具

玩具的種類有哪些？

Ⓐ 可和管家互動的釣竿、逗貓棒，獨自玩樂的球、玩具鼠、固定發球機。

Ⓠ 啊～漏食玩具袋袋有在用耶！這有什麼效果嗎？

Ⓐ 牠們會把自己將食物掏出來吃，這個行為視作遊戲活動，也能消除狩獵的欲望。對小貓來說，會提升認知能力，對高齡貓則有預防失智的作用，對於肥胖的貓咪也有減重的效果。

Ⓠ 有好多正向的效果喔！但灰塵好快就放棄了說……

Ⓐ 對於像灰塵這樣不喜愛漏食玩具的貓咪來說，這種活動可能會造成壓力。

管家DIY的貓咪玩具

✔ 玩具不一定要用購買的！
取自家中類似的材料，隨時都可以做成玩具。

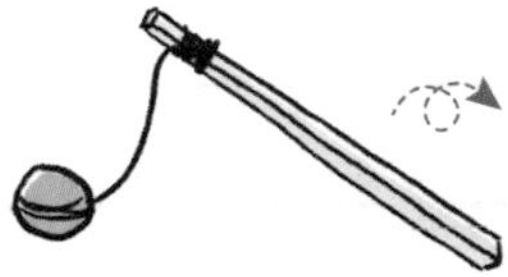

用繩子將小東西綁在竹筷或棍棒上

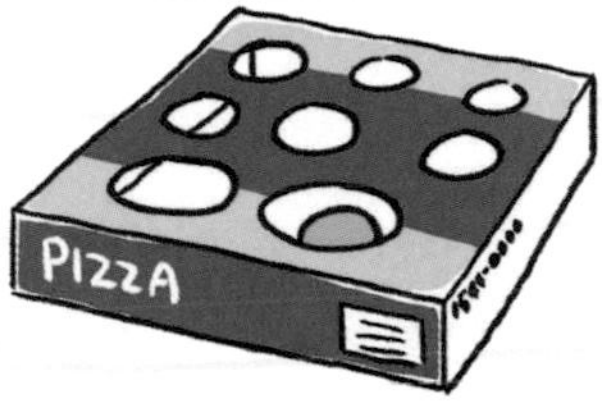
PIZZA

在披薩紙盒上挖出多個圓洞，並將零食或是球放入其中

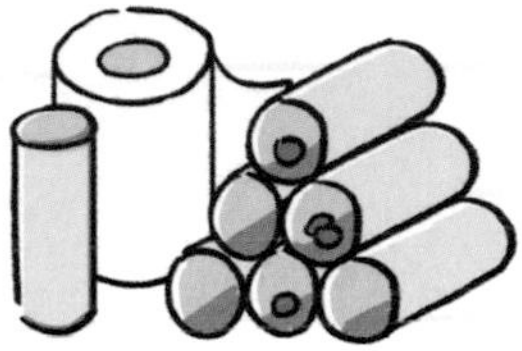

將衛生紙捲筒黏起來，並將零食放進捲筒內

貓種介紹 No.28

德文捲毛貓 DEVON REX

- 產地　英國
- 體型　半外國型
- 毛長　短毛
- 外貌　捲捲的短毛，大耳朵和小臉，體型纖瘦
- 個性　活潑好動，很會撒嬌，擅於交際

有著像泡麵一樣捲捲的被毛，也多虧這樣捲捲的所以不易掉毛。被毛的觸感十分柔軟，因為骨骼小，加上毛短，所以感覺很骨感大大的耳朵配上尖尖的臉，又被稱為外星人貓。長相有時會被誤認是個性兇殘的貓咪，其實是非常親人的喔。

02

貓抓板、貓跳臺

各式各樣的貓抓板

最普遍的貓抓板由瓦楞紙板所製成。除此之外，還有麻繩、尼龍繩、原木、地毯等材質。貓抓板一直抓會變得破破爛爛，所以需定期更換。不過，因為需要常常購買，要依自己的經濟能力來挑選喔！

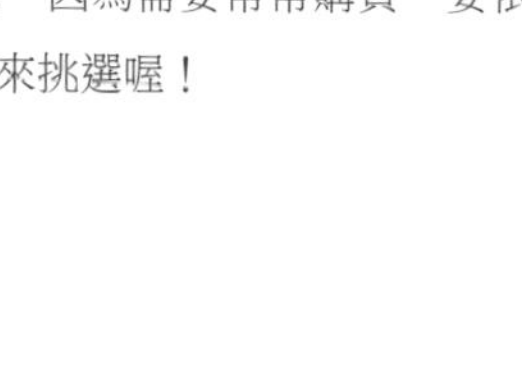
光聞味道就知道～
Super Big

#1 貓本能爆發

小灰塵時期
我買貓抓板回來囉！
也不知道你會不會用……反正便宜就買了……
應該知道這是用來磨爪的吧？
真的會抓嗎？
聞
聞聞
真的抓了！
超級神奇！
欣慰
撲撲
撲撲
撲撲
隔天
來！盡情地抓吧～
別……強人所難啊……
超巨大
Super Big

#2 這貓跳臺對你來說太小了

灰塵幼兒時期
是又買了什麼？
噹噹
這次是
貓跳臺！
這是為了你準備的一迷你輕巧型貓跳臺！
事實上，因為大的太貴……
3個月後
現在好像
不太適合我
你長得還
真快呀……

之後吧……

貓跳臺不用急著準備

原為了身形嬌小的幼貓，買了小型的貓跳臺，結果不到3個月就像灌風一樣地長大。而且，因幼貓的體型小，對他們來說使用貓跳臺有些吃力。建議等到發育完成或是完全適應新家的時候，慢慢再來挑選購買就可以了。

看來又要
再買一個
新的了……
…

動物農場
車鎮源
院長
有什麼問題
盡量問吧！

#貓跳臺

貓跳臺算必備項目呢？還是選擇項目呢？

A 貓跳臺對家貓來說是必備品。坊間賣的貓跳臺裡面也有貓抓板，以及吊床或籃子等可休息的空間。貓跳臺本身可以是個豪華遊樂場，也能成為貓咪專屬的安全區域。

Q 若是擺放了貓跳臺，家中空間變小也沒關係嗎？

A 即使家中空間變小，但牠們可以藉由貓跳臺做垂直運動，若能成為貓咪專屬的空間或地盤，是沒影響的。

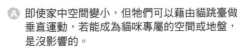

各種款式的貓跳臺

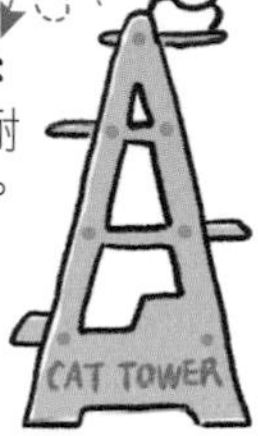
CAT TOWER

原木貓跳臺：
用原木製成的貓跳臺，堅固耐用，但較佔空間。

為因應貓奴人數增加，貓咪家具也正不斷進化。形式、種類、材質都非常多元。購買時可多多參考不同款式，除了挑選貓咪喜愛的之外，也要選擇適合家中空間的貓跳臺。

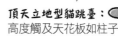

布料貓跳臺：
布料製成，觸感極佳。考慮到清潔問題，請選擇可洗滌的產品為佳。

家具型貓跳臺：
增添貓跳臺機能的家具，對屋內空間狹小的管家來說是個不錯的選擇。

可拆卸式貓跳臺：
可將貓跳臺牢牢裝置在門上的特別設計。

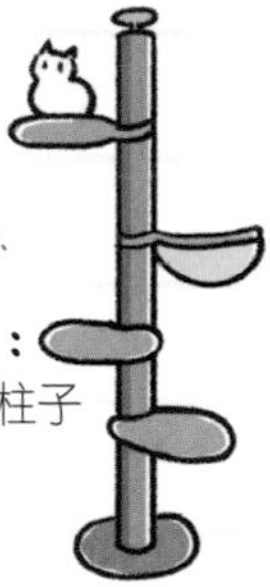

頂天立地型貓跳臺：
高度觸及天花板如柱子般固定住的型態，體積小不占空間。

貓種介紹 No.29

緬甸貓 BURMESE

- 產地　緬甸
- 體型　粗壯型
- 毛長　短毛
- 外貌　肌肉結實的身軀，毛短柔順
- 個性　活潑話多，對主人很忠心

在20世紀初由緬甸前往美國的路上，唯一存活下來的一隻緬甸貓，成為現今緬甸貓的品種。體魄健壯、不易生病，有著褐色、亮青灰、奶油色等多元的毛色。大大的眼睛，加上圓圓的臉蛋，包含體型都帶給人圓滾滾的感覺。雖如暹羅貓般話多，不過嘰嘰喳喳的樣子相當討喜。

03

必備用品

#1 必備！外出籃

新買一個適合大塊頭灰塵和袋袋的外出籃啦！
知道那是用來幹嘛的嗎？
真舒適
呵呵
看起來還算舒服
去醫院的日子
將貓咪裝進外出籃，變成簡單的事！
把門關上，完成！
喀擦

外出籃在平時也打開放著吧！

與其要去醫院時才用外出籃，不如平時就打開放著，成為牠熟悉的空間。若令貓咪意識到是個可睡好吃好的幸福空間，那麼每次要將牠放進去時，就可以免去一場人貓大戰。

我在這裡最舒服了～

滿足～

#1 外出時一定要放外出籃！

帶灰塵到
醫院的惠主
您好～
天啊！
貓咪主人
下次出門請一定要使用外出籃。貓咪因受到驚嚇逃跑的話，可是會引起大事故的。
啊……
原來如此……
下次出門我
一定會使用
外出籃的。
貓咪不喜歡被抱，而且從高處也能輕鬆躍下，所以抱著外出真的相當危險！
外出籃必備！

外出籃是外出必備品！

國外住家的庭院寬闊、車輛稀少，貓咪較能安全地閒晃。但對比如同台灣複雜的市中心，可就不一樣了。交通事故風險高，也容易曝露在傳染病中。帶貓咪移動時，將其抱在懷中或是繫牽繩，對貓、對管家都很危險，而且也很辛苦。所以，外出時請一定要放進外出籃。

從這逃脫根本
是小菜一碟

有什麼問題
盡量問吧！
動物農場
車鎮源
院長

#必須使用外出籃 #突發狀況 #坐車移動

貓咪外出時需留意的點有哪些呢？

Q 感覺外出籃很不通風……非使用不可嗎？

A 不管是多訓練有素的貓咪，外出時沒使用外出籃都是非常危險的。

Q 例如怎樣的狀況？

A 有可能突然從管家懷裡跳走，或是因為陌生的環境，躲到角落不出來。貓咪突然跳走跑到車道，有可能發生危險的突發狀況。

Q 那麼在車內就不需放在外出籠了吧？

A 就算在車內也需要使用外出籃，搭車時牠們會因外窗外的環境和引擎聲變得極度敏感。若驚嚇導致到處亂跑，可能會造成事故。

在選擇外出籃時需注意的事項

✓ 塑膠材質勝過布製材質

若使用布製外出籃，當貓咪掙扎不出來，可能發生指甲勾到受傷的情況。

✓ 可打開上蓋

討厭走出外出籃的貓咪，只需打開上蓋就能接受診療！

✓ 好清潔整理的材質

貓咪在外出籃裡有可能會有亂大小便等情況，貓咪的尿騷味採用一般清潔不易去除，故選擇洗滌方便的材質較容易清理。

貓種介紹 No.30

歐西貓 OCICAT

- 產地　法國
- 體型　體長健壯型
- 毛長　短毛
- 外貌　骨骼纖細，被毛柔順。銀色或黃色的毛上有著豹紋斑點，額頭上有M字花紋
- 個性　聰明活潑，適應力強，在陌生環境也不怕

因身上的斑點神似虎貓(Ocelot)，故而得名「歐西貓」(Oicat)。也因身上的豹紋斑點，容易讓人誤以為是虎貓的後代，但其實是由家貓(阿比西尼亞貓和暹羅貓)交配。機靈的外型，擅於狩獵、好動。而且喜愛人類，相當親切。

04

安全用品

#1 裝寵物柵欄

貓主子正
等著我呢～
啦啦～
啊啊！
啊啊－
?
不能到那邊！
你差點就要掉下
去了……光想都
心有餘悸

安全的基本裝置－防貓門、防貓窗

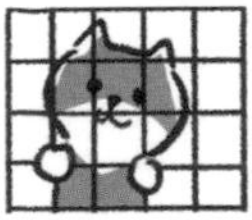

家中如果沒有中門，貓咪跑到大門時就必須多加留意。貓咪會好奇門外的空間，進而跑出去，也不知道會發生什麼事情。家貓若跑出去，要尋獲的機率是微乎其微。紗門或紗窗有可能使貓咪的指甲勾到斷裂，也有掉到窗外或逃出的危險。在紗窗裡設置防貓窗，就能降低風險。

設置了防貓門，
避免你跑丟

#2 只有牙籤需繫蕾絲的理由

貓咪們的項鍊不是單純裝飾用，上面寫著名字和電話號碼，
緊急情況就會派上用場
灰塵
哼哼
牙籤不太適應項鍊耶
嗯？蕾絲還挺能適應的啊？
牙籤專屬的特製名牌！
牙籤
項圈吊飾

貓咪也需要名牌！

目前在韓國，貓咪是不用晶片植入的，因此若遺失找回的機率比狗低很多。若一不小心將貓咪弄丟了，當發生事故時，名牌上的名字和管家的聯絡方式就派得上用場。名牌要時時掛在貓咪的脖子上，所以名牌避免過大、過重，而且最好不要發出聲響。以輕便，配戴舒服的為佳。

只有我的是蕾絲～
有種貴族的感覺～

動物農場
車鎮源
院長
有什麼問題
盡量問吧！

#貓咪晶片植入 #防貓門

貓咪要如何做寵物登記及植入晶片？

A 不怕一萬，只怕萬一，家中寵物寶貝一旦走失，真的讓人心急如焚，飼主可至全國各寵物登記站，為您的愛貓植入晶片、登記身分，確保走失時有協尋依據。

Q 寵物植入晶片會痛嗎？

A 其實裝個晶片根本不用進行開刀手術，其實就像打疫苗一樣，用注射器扎進皮下輕輕一推，立馬搞定。

萬一……貓咪真的不幸跑出去的話怎麼辦？

A 要四處張貼尋貓啟事傳單，尋求別人的幫助。

Q 難道不會因為記得家在哪裡……而跑回來嗎？

A 貓咪雖然也曾走失後自己回家，但非常少見。而且我們所居住的都市有汽車、道路、高樓大廈、工地等眾多危險因子，路也很複雜。所以，預防還是首要，首先為了不使牠跑出家門，必須要做結紮手術，設置中門或防貓門也很重要。

尋貓啟事

Q 果然預防是王道！

為了貓咪安全的防貓窗製作方法

① 丈量需要設置防貓網的尺寸。

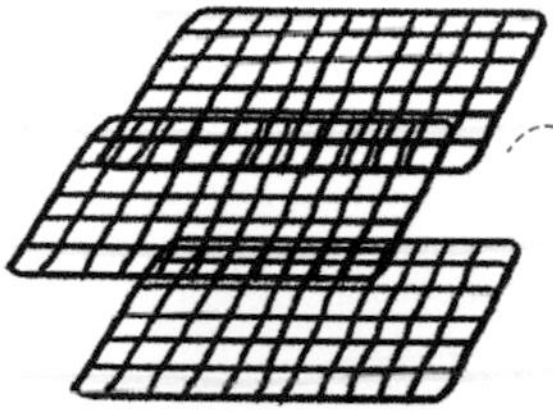

② 為配合尺寸，請購買多個小的網架（推薦大創網架）。

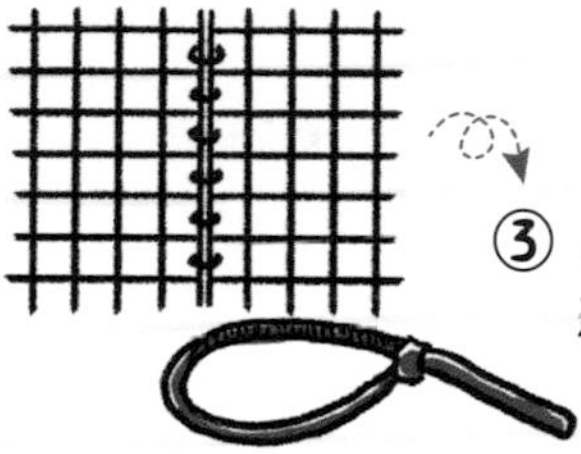

③ 用束帶綁起來連接網架。

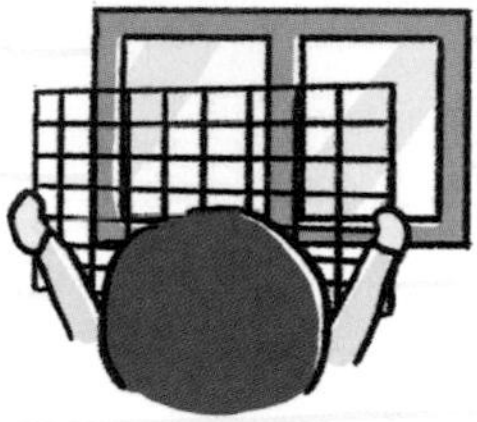

④ 製作成想要的尺寸，配合窗戶邊框架好，完成！

貓種介紹 No.31

沙特爾貓 CHARTREUX

- 產地　法國
- 體型　半粗壯型
- 毛長　短毛
- 外貌　擁有與俄羅斯藍貓相同的毛色與黃眼睛、圓臉及肉肉的臉頰
- 個性　溫和、很有耐心、親人

有著青灰色的毛、圓圓的臉、還有南瓜色的眼睛。因特有的笑容，也被稱為「微笑貓咪」。因為青灰色的毛與俄羅斯藍貓、英國短毛貓相同，所以容易搞混，但長相其實有明顯的差異。不同於俄羅斯藍貓的綠眼睛，沙特爾貓的眼睛是南瓜色，臉也比較圓，臉頰較有肉。

05

貓咪衣服及裝飾品

固定

管家的欲望

貓咪有著發達的運動神經，而被毛也擔任許多角色。若用衣服把毛包覆起來，身體的角色就無法確實運行，會產生故障(？)很少見到能適應衣服的貓咪，因為貓的本能會清理毛髮，若非必要的情況下，買衣服前請先三思啊！

我已經穿上
帥氣的西裝囉！

#1 貓咪故障了

豆豆龍～
豆豆龍～
你看！我買了可愛的豆豆龍裝
穿看看嘛～
沒聽見
花錢買這個，不如多買些罐罐！
身體不聽使喚了
袋袋故障了！
顆顆顆顆
我的毛髮很敏感耶！
這樣都不能舔毛，煩死啦！
抱歉抱歉，我馬上幫你脫掉

#2 頸枕？？

好像抓到流血了，要快點擦藥膏才行……
喵
臉上有細小的傷口，該怎麼辦？
我開藥膏處方給您
記得幫牠戴上頭套，避免去舔到藥膏
哈哈，再次登場的軟墊頭套
輕巧柔軟
什麼啊，是頸枕嗎
呵呵呵

舒服的頭套！

唯獨牙籤對塑膠頭套感到不舒服，因為牠腿短，頭套會接觸到地面吱吱作響，而且身體小，塑膠材質的頭套會顯得笨重。幸虧抱枕型的頭套很能適應，若是塑膠頭套戴不習慣，可換成布面、不織布等柔軟材質的頭套。

當時我們都帶塑膠的！
世界變美～好啦！

有什麼問題
盡量問吧！
動物農場
車鎮源
院長

#管家的欲望

什麼時候必須穿衣服？

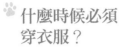

A 大部分的貓咪是不需要穿衣服的，給牠穿上衣服就像被綁住一樣。只有生病的貓咪為了維持體溫和保護傷口時，才可能需要。

Q 生病時穿的衣服，應該要特別挑過吧？

A 想像成是病患服就容易多了，比起貼身的衣服，寬鬆的衣服較不會限制活動。

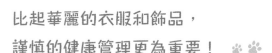

比起華麗的衣服和飾品，
謹慎的健康管理更為重要！

漂亮的衣服和裝飾，不見得是貓咪所需要的。除了必要的衣服和飾品，不必要的物品就不要浪費。

請記住，貓咪們不是我們的娃娃或布偶。購物時請千萬要切記，是根據貓咪需求，貓咪真的有需要再購買。

貓種介紹 No.32

哈瓦那褐貓 HAVANA BROWN

- 產地　英國
- 體型　半外國型
- 毛長　短毛
- 外貌　光滑的身軀，有著深褐色的毛，綠色的眼睛
- 個性　豐富的好奇心，愛撒嬌，愛好狩獵遊戲

因為有著和「哈瓦那」相同的高價以及毛色，所以取名為「哈瓦那褐貓」。由黑貓和暹羅貓交配所產生，具有暹羅貓纖細修長的體型，近黑色的褐色毛，光澤柔順，並有璀璨的綠眼睛。動作敏捷、速迅，就像是一頭小型猛獸。

PART 7

流浪貓插曲

01. 餵養流浪貓

02. 幫助流浪貓

01

餵養流浪貓

餵養浪貓的難題

雖然一開始餵食浪貓是個很有愛心的行為，但嚴格來說，只是我單方面介入浪貓的生活。突然有吃的出現，週遭的浪貓們會聚集過來，進而可能衍生貓群鬥爭、環境髒亂，造成居民反感。需要反觀一下自己餵食流浪貓的行為，是否只是自我滿足，也必須站在浪貓的立場同理思考。

#1　貓媽的諫言

這次搬去的社區裡，我有看到浪貓耶！好想餵牠們……
社區有名的浪貓媽媽
首先，必須記住，有些貓咪是走失的
自動進入授課模式
必須避免讓彼此受傷
而且也要思考是否能長期供飯
哪天要是搬家了，對失去尋找食物能力的貓咪而言，是件很殘忍的事
這些浪貓已經習慣露宿街頭，所以不必費心親近牠們，也不用感到惋惜
因為當牠們卸下心防主動親近人們時，也有可能遭遇到不好的事

餵浪貓供餐所
餵食浪貓也需遵循諸多注意事項喔～

#2 發生民怨時！

受不了
小姐！都是因為您總是餵牠們，貓咪們都跑過來了。
時常會翻廚餘，這樣我很累ㄟ！
等等…我…那個…
為何在你面前～
我就變得如此渺小呢～
太太！我們是要防止野貓翻垃圾，所以才自發性給予水和飼料。
為的是給居民一個更加衛生整潔的環境！
鏘鏘
喔，這樣啊

대응 매뉴얼

和居民的糾紛最小化！

鄰居裡面也不是所有的人都喜歡貓咪，僅僅因為自己覺得浪貓很可憐，結果卻有可能造成不好的結果。為了與居民保持良好的關係，必須要對自己的行為負起責任，跟他們說明為何我要餵食流浪貓，提供貓咪保護協會等相關情報，請他們不用擔心。

又不是做什麼犯法的事，卻不自覺變得好心虛
來，這紙上的內容熟記一下吧

有什麼問題
盡量問吧！
動物農場
車鎮源
院長

#為了浪貓

有什麼方法可幫助浪貓？

A 幫助浪貓的方法有很多，可以去動物之家做志工，或是定期捐款給動保團體。若有剩餘的飼料，也可透過線上諮詢，捐贈給需要的義工。

Q 也可以餵浪貓罐頭嗎？

A 雖然可以，但不建議。因為會容易造成挑食、牙結石等問題產生。而且，雖然在餵浪貓吃藥需用到罐頭，但對罐頭熟悉的貓咪來說，也許能馬上聞出藥味，而拒絕食用。

Q 何時適合餵浪貓吃飯？

A 只要是人不多的時間都可以。然後水千萬不能忘，特別是浪貓沒有可以喝水的地方，一定要準備水給牠。

CAT FOOD

Q 冬天時的水總是結冰……

A 結冰時就加點蜂蜜或是砂糖。

or
Sugar
Honey

餵食浪貓的注意事項

✓ 人煙稀少、不容易被看到，並且可遮雨的地方。

✓ 餵食容器建議使用寬口、有重量，不易察覺的顏色（推薦陶碗或砂鍋）。

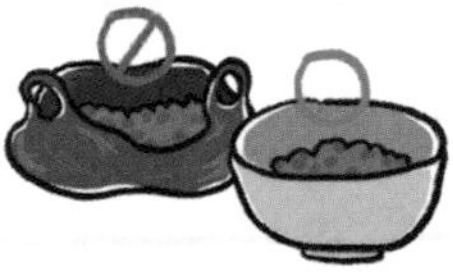

✓ 比起塑膠袋，請多利用器皿，不然可能被視為亂丟垃圾。

✓ 請避開鴿子會聚集的地方。

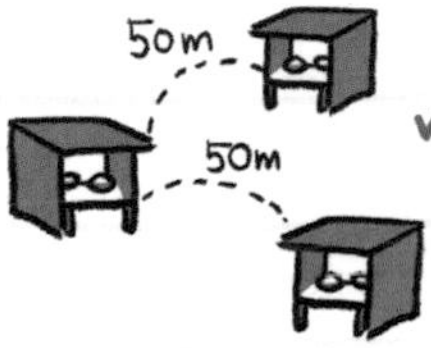
50m
50m

✓ 根據貓咪的數量，每間隔50公尺擺放糧食

✓ 餵完貓咪後，需維持該環境的整潔。

貓種介紹 No.33

新加坡貓 SINGAPURA

- 產地　加拿大
- 體型　半外國型
- 毛長　短毛
- 外貌　觸感幾近無毛的短毛貓，擁有大耳，以及前額與皮膚，有著明顯的皺褶。
- 個性　親和力十足、溫順、動作敏捷且聰明

新加坡貓是世界上最小的貓。即使成貓，體重也僅2～3公斤，是新加坡的「國貓」。額頭上有著M字紋和深邃的眼線，因黃褐色的短毛，會被誤認為是阿比西尼亞貓。新加坡貓的毛色較淡，臉型圓潤，以及膝蓋上鮮明的橫紋，都可以馬上辨別出來。

02

幫助流浪貓

與浪貓共存的方法

浪貓結紮手術(TNR)是和人類共存最合適的對策。各個國家的大城市都開始重視並進行推廣，連動保團體都鼎力相助。

Trap
捕獲
Neuter
結紮
Return
放生

#1 浪貓的TNR

是浪貓耶！
在哪？在哪？
人類你們好啊！
為什麼有一隻耳朵上面被剪掉了？是虐待嗎？！
不是，這是有做過結紮手術的浪貓標識
浪貓也做結紮手術？
點頭
大半夜的貓叫聲、排泄物、浪貓數增加……這些都是發情的關係
喵嗚嗚—
做了結紮手術能減少困擾，浪貓也會更健康

#2 救援浪貓

有發現需要治療或救援的浪貓嗎？
決定要幫忙！
不管怎樣都要幫助牠才行！
如果直接用手抓，也許以後會嚇到牠們都不敢來
綁架？！此地好危險！以後不可再來了！
使用籠子是最安全的方法，也可向動保團體租借喔！

動保團體

請接受動保團體的幫助

動保團體為了浪貓展開一連串的活動，浪貓救援與TNR支援、浪貓照顧教育訓練、捕獲裝備租借等，都可藉此得到幫助。雖想幫助浪貓，但不知道方法可上動保團體網頁上查詢。

謝謝你們的幫助～喵

動物農場
車鎮源
院長
有什麼問題
盡量問吧！

#浪貓結紮手術 #幼貓救援

浪貓一定要做結紮手術嗎？

疾病、飢餓、寒冷、交通事故、虐待、毒殺……浪貓的生命相當辛苦且心酸。為了不再有更多的浪貓，必須要做。

若沒做結紮，僅僅餵食，只會使浪貓的數量不斷增加。若數量一增加，食物和隱身處會不足。不斷地發情，與壓力伴隨來的生產、傳染病、公貓間的鬥爭等，只會降低浪貓們的生活品質。所以如果只有餵食，隨著浪貓數量增加，會使生存更加困難的浪貓比例增高，這也只會距離動物保護的目標越來越遠。

發現奶貓，要救援牠們嗎？

奶貓需要媽媽的照料，當然也許要人們的援手，但母貓隨時可能會回來，所以先靜待觀察。母貓約2～5小時、長約至半天的時間會出去覓食，若母貓回來的途中發現孩子不見了，會有很大的失落感。請不要隨便帶走或撫摸！不過，當生命垂危時，緊急救援幼貓並認養是最妥善的處理方式。

參與TNR計劃，保護流浪動物

or
120
지자체

✓ 台北市支持流浪貓絕育計劃協會https://tnrtw.org/tnreport.php

對象：各地志工、愛貓民眾線上申請絕育補助

補助方法：線上申請，加入志工並通過審核，即可申請

絕育補助縣市：基隆、台北、新北、桃園、新竹、苗栗、台中、彰化、雲林、南投、嘉義、台南、高雄、花蓮、屏東、台東。

✓ 台灣動物協會http://www.animalstaiwan.org/index_cs.html

方法：網路上申請成為志工，參與貓咪絕育計劃

✓ 私人TNR

方法：帶去鄰近的動物醫院直接做TNR

優點：直接進行，快速又安心

缺點：必須自行負擔費用

貓種介紹 No.34

埃及貓 EGYPTIAN MAU

- 產地　埃及
- 體型　半外國型
- 毛長　短毛
- 外貌　有著野性的豹紋斑點、靈巧的身軀、發達的肌肉
- 個性　怕生，善於表達情感，愛撒嬌

是非洲野貓的品種，因此也是家貓中跑步速度最快的貓咪。有著像獵豹的斑點，散發出濃濃的野性美。埃及古代壁畫上的斑點貓，就是埃及貓的肖像畫。有點神經質，但很親人，也很愛撒嬌。

PART 8
老年和離別

01. 貓咪也會老　　02. 相遇彩虹橋

01

貓咪也會老

貓咪上了年紀的改變

我家生龍活虎的貓咪隨著時間流逝，也漸漸變老了。老化時也和人一樣，視力、聽力等身體機能都漸漸退化，也會產生慢性疾病。會嗜睡，自理能力也不如從前。需觀察牠們有沒有不方便或身體異常的地方，並營造一個老貓能放鬆的環境。

只有跳躍時會感到吃力，
狩獵能力還是寶刀未老！

#1 貓咪上了年紀的改變

小雲你好～
妳看起來還是很年輕耶
15歲的老貓—小雲
這不是養狗的人家才會有的嗎？
嗯？
因為年紀大了關節不好，所以高的地方上不去
啊…
沒關係，狩獵能力還是一樣
回春

#2 貓咪也會失智

以前是個不太叫的孩子，但最近常看著天空叫，好奇怪
就算飯量給足，但還是一直想吃，結果還吃到太撐吐了
以前很愛撒嬌的……現在連我
都不太認得了，好傷心
失智沒辦法事先預防嗎？

貓咪失智時，什麼情況最辛苦？

貓咪失智又稱為認知障礙、阿茲海默症。會行動遲鈍，一直在等著吃飯等症狀。和一般老化症狀差不多，所以不易辨別。懷疑有失智傾向，請立即到醫院去作檢查。平時身體、精神等，需要各方面的刺激，不要讓貓咪一直躺著不活動，多讓牠運動並陪牠。

超過15歲的貓咪中，有50%會出現失智症狀

15歲以上的貓咪

動物農場
車鎮源
院長
有什麼問題
盡量問吧！

#貓咪的壽命 #安樂死國外案例

貓咪的壽命有多長？

A 貓咪的壽命和狗狗差不多，與之前相比，貓咪的健康管理若做得好，活超過20歲的貓咪比比皆是。

Q 這樣的話從幾歲起算可視為老貓？

A 貓的7歲差不多是人類的40歲，人從40歲起在健康管理上也比較要費心思，貓咪也是從7、8歲起視為高齡，必需定期檢查和管理。

可以分享國外家貓安樂死的案例嗎？

比起韓國，國外養貓文化算是很早就興起，而太老或是嚴重疾病的情況下會實施安樂死。決定安樂死的時候，會和全部的家人一同分享愉快的回憶，透過簡單的派對，來度過最後的時刻。並在醫師的指導下，進行安樂死。不過，需和獸醫師充分地詳談討論過後，觀察貓咪的狀況才可以下決定。

명복을 빕니다

適合老貓的生活環境

✓ 撤掉貓跳臺（從高處跳下來會傷到關節，所以在地面上活動即可）。

✓ 沙發或床等高處需準備個梯子。

✓ 讓牠經常在地板做狩獵活動，輔助牠的基礎代謝不會迅速下降。

SENIOR

✓ 飼料換成高齡用，並調節攝取的熱量。

✓ 養成紀錄的習慣（每週1次量體溫、體重、有無食慾、運動時間、大小便狀態等），當健康發生異常時，可以立即給獸醫師過目，對診療很有幫助。

貓種介紹 No.35

東奇尼貓 TONKINESE

- 產地　加拿大
- 體型　外國型
- 毛長　短毛
- 外貌　與暹羅貓一樣有重點色，微妙的藍眼睛，柔軟的身軀
- 個性　熱情活潑，善於社交

是暹羅貓與緬甸貓培育出的新品種貓咪，並擁有雙方優秀遺傳因子。毛雖短，但如絲綢般柔軟，毛色多樣化。有著暹羅貓的毛色、緬甸貓圓潤的可愛臉型與身軀。熱情、親人，是隻很適合新手管家的貓。

02

相遇彩虹橋

瞭解寵物貓的葬禮

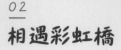

就算口頭上說心理已準備就緒，最終到了要別離的時候還是很傷心。因為離別總是無聲無息地到來，建議事先研究寵物葬禮等細節。

再見！
離別是管家要面對的課題

#2 那天一定會到來

哪天我們家的小雲也……
幹嘛說這麼不吉利的話
這麼說只是在欺騙自己吧？
那天一定會來的，心理建設比較重要
啊～這就是人生～
嗯，不管怎麼說，幸好貓咪的壽命比我們短
最後的路程還有我們可以照護不是嗎？
哽咽—
不要哭
哈，幹嘛，竟說這麼感性的話
不知為何就脫口而出了～
擤—

#2 勇敢面對離別

幾年後要跨越彩虹橋的小雲
小雲的管家
妳會來小雲的葬禮吧？
當然
小雲的籃子裝飾得真美
嗯，我用牠心愛的被被把牠包起來，還有牠喜歡的玩具
嗯，就今天好好地哭吧，虧欠和後悔也是種思念的方式
我都覺得對牠不夠好
邀請認識小雲的朋友，
一整天都在聊小雲
讓貓咪一路好走，這也是管家的責任

要幸福喔……

用各自的方式思念毛小孩

失去寵物就好比失去家人一樣，難免會難過、後悔或感到虧欠。用自己的方式哀悼及思念，需要一段時間的療傷期。若無法看開，可能會產生心理層面的問題，留下巨大的創傷。這樣貓咪也不能放心離開，請盡情的思念你的毛小孩後送走貓咪吧～

動物農場
車鎮源
院長
有什麼問題
盡量問吧！

#臨終關懷

愛貓臨終前管家要做的事

和人一樣，貓咪的生活品質也很重要，盡量在活著期間關懷牠們的痛症和環境。

在家中能做的臨終關懷

① 餵食處方藥

② 供應足夠的氧氣

③ 提供保健食品

④ 供給水份預防脫水

⑤ 確認是否有正常排便

⑥ 鋪上止滑墊，避免地滑

⑦ 調節室內溫度與確認貓咪體溫

⑧ 輕輕撫摸耳朵或身體，幫牠們按摩

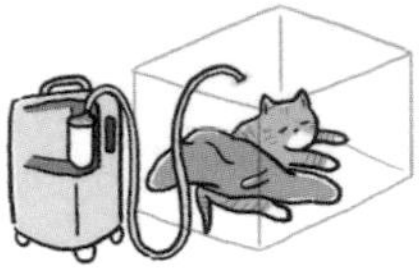

毛小孩離世

在寵物的葬禮後，製作骨灰罈，
並安置在靈骨塔。
遺骨一部分用來製做寵物標本，可以用來留念。
將骨灰放入花盆裡，種上植物，或是將骨灰灑在
海、山、草地等天然葬法。

喪失寵物憂鬱症候群，並不是只有人類才有，
其它寵物也會感受到一起生活的同伴不在了，
容易無精打采、患有憂鬱症。
若有剩下的貓或狗，要對牠們更加疼愛，花更多時
間陪伴牠們。

貓種介紹
No.36

雪鞋貓 SNOWSHOE

產地	美國
體型	半外國型
毛長	短毛
外貌	臉部花紋像戴了個面罩，腳毛色為白色
個性	話多，愛撒嬌，活潑，好奇心旺盛

就像穿上雪白的鞋子般，只有腳具有純白色的毛，所以才取名為「雪鞋貓」。
臉上的紋路就像戴上怪客傑洛的面罩，令人不禁聯想到狐狸。全身屬淡奶油色，耳朵、臉、尾巴的毛色較深。
因藍色眼睛和粉紅色的鼻子，感覺更像洋娃娃，是隻相當可愛的貓咪。

出版社員工所飼養的貓寶貝

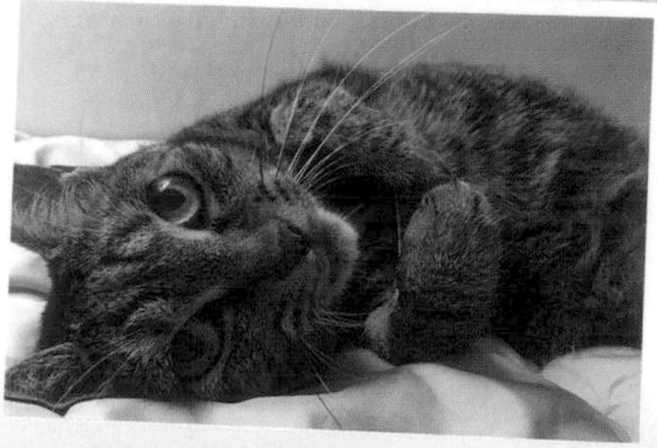

珍熙

寶貝年紀：12歲

飼養時間：12年

特長：喜愛孤獨，愛思考，安靜程度比貓咪還貓咪！

EDDIE

寶貝年紀：9歲

飼養時間：9年

特長：超愛吃罐頭，跟狗一樣親人愛撒嬌，叫聲是:媽～（真的像小孩在叫媽媽）

JACOB

寶貝年紀：11歲

飼養時間：10年

特長：領養時是隻受虐貓，非常不信任人。現在可是最黏人的小孩，越來越不怕生了。

BOBO

寶貝年紀：9歲

飼養時間：9年

特長：會搶管家杯中的水喝，早晚都會迎接管家回來的小可愛。

完珍男

寶貝年紀：8歲

飼養時間：8年

特長：與管家同寢，會叫醒管家討早餐吃，是個撒嬌鬼。

佛朗西斯科

寶貝年紀：推斷約7歲左右

飼養時間：5年

特長：眼睛受傷，為了治療救援後認養，很喜歡呆坐家中的一隻貓。

路比

寶貝年紀：無法推斷

飼養時間：5年

特長：一張嘴就有警報聲，一般不給觸碰。

阿里

寶貝年紀：3歲

飼養時間：3年

特長：在湯飯店抓老鼠用的貓咪，小時候被抓時，從動保團體救援出來，個性比狗還要像狗的一隻貓。

memo.

memo.

memo.

memo.

Orange Life 21

喵主子的安奈條列式
——主子心深深深深如海底針，忘情吸貓前的職前訓練需知

圖／文　金惠主

作　　者　金惠主
編審/諮詢　車鎮源 獸醫師
總 編 輯　于筱芬　CAROL YU, Editor-in-Chief
副總編輯　謝穎昇　EASON HSIEH, Deputy Editor-in-Chief
行銷經理　陳順龍　**SHUNLONG CHEN, Marketing Manager**
美術設計　楊雅屏　**Yang Yaping**
製版／印刷／裝訂　皇甫彩藝印刷股份有限公司

出版發行

橙實文化有限公司 CHENG SHIH Publishing Co., Ltd
ADD／桃園市大園區領航北路四段382-5號2樓
2F., No.382-5, Sec. 4, Linghang N. Rd., Dayuan Dist., Taoyuan City 337, Taiwan（R.O.C.）
MAIL: orangestylish@gmail.com
粉絲團 https://www.facebook.com/OrangeStylish/

經銷商

聯合發行股份有限公司
ADD／新北市新店區寶橋路235巷弄6弄6號2樓
TEL／（886）2-2917-8022　FAX／（886）2-2915-8614
初版日期 2022年 4 月

Hello My Cat

貓咪管家健康日記

圖/文 金惠主
諮詢/編審 車鎮源獸醫師

Contents

Part 1. 了解貓咪的生活

Part 2. 貓咪健康手冊

紀錄與愛貓時時刻刻
相處的管家日記

Part 3.
貓管家日記

Part 4.
貓管家的家計簿

Yearly Planner

1 January	2 February	3 March	4 April	5 May	6 Jun

7 July	8 August	9 September	10 October	11 November	12 Dece

Yearly Planner

1 January	2 February	3 March	4 April	5 May	6 June

7 July	8 August	9 September	10 October	11 November	12 December

· 體重管理是最最最最基本的！

· 瞭解貓咪的成長階段。

· 適合貓咪成長時期的管理。

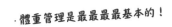

PART 1.

了解貓咪的生活

- ☑ 貓咪的體重管理
- ☑ 貓咪的生長過程
- ☑ 貓咪成長期的Check List

貓咪的
體重管理

定期紀錄貓咪的發育，健康狀態和體重更能一目了然

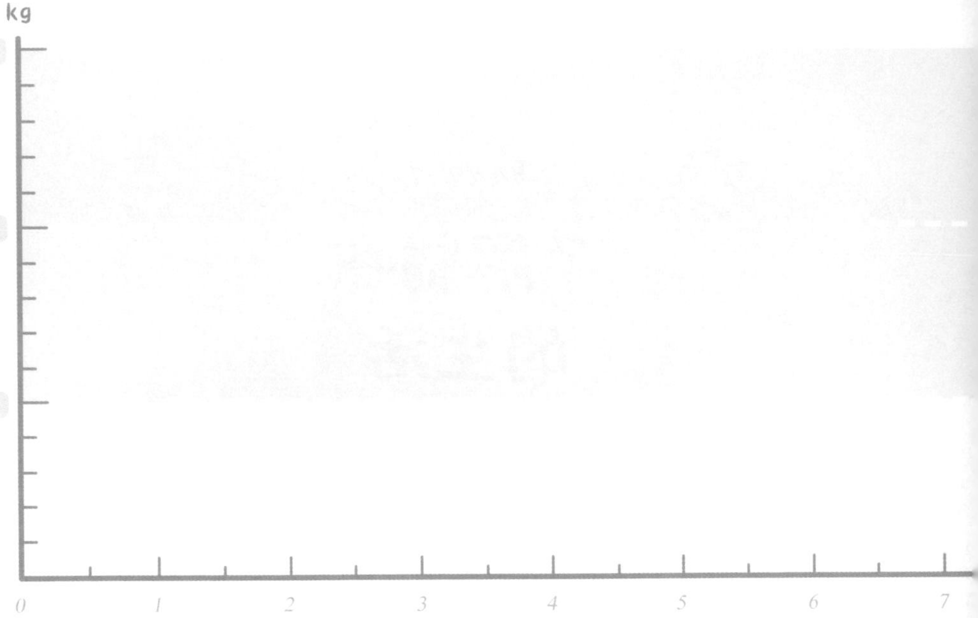
kg
0
1
2
3
4
5
6
7

Date	Weight	Date	Weight	Date	Weight	Date	Weight
.		.		.		.	
.		.		.		.	
.		.		.		.	
.		.		.		.	
.		.		.		.	

9 10 11 12 13 14 15 年紀

Date	Weight	Date	Weight	Date	Weight	Date	Weight
.		.		.		.	
.		.		.		.	
.		.		.		.	
.		.		.		.	
.		.		.		.	

貓咪的生長過程

年齡對照表

家貓年齡	3	6	9	11	13	15	20	24	28
野貓年齡	3	6	9	11	13	15	20	24	32
人類年齡	2個月	4個月	6個月	8個月	10個月	1歲	1歲 6個月	2歲	3歲

※ 根據貓咪的品種與生活環境會有個別上的差異

新生兒期（出生～2週）

剛出生的幼貓不太會行走，嗅覺已發育完全，視覺與聽覺開始發育中，生活被飲食和睡眠佔據。新生幼貓體積相當小，體重約110g左右。

轉型期（2週～3週）

幼貓的視覺與聽覺逐漸發育中，眼睛開始能睜開，對光線也會有反應；比起新生兒期較為好動，雖然肌肉尚未發育但能行走及翻滾，也會與兄弟姊妹互動，開始學習社會化的階段。

社交期（4週～12週）

社會化是貓咪成長的重要階段，此時期的小貓好奇心強、能積極接受新事物，是學習的最佳時期。因此，主人須讓貓咪接受許多來自外界的新刺激、接觸多樣化的環境，才能避免貓咪在成貓時期仍感到恐懼，例如：讓貓咪體驗吸塵器、打雷閃電般的聲響及都市的生活環境。此時期的小貓會向母貓學習排便、梳理毛髮和狩獵技巧；大約出生後10週起可斷奶，斷奶後才能認養。

資料來源:韓國動物醫院協會

32	36	40	44	48	52	56	60	64	68	72	
40	48	56	64	72	80	88	96	104	112	120	
4歲	5歲	6歲	7歲	8歲	9歲	10歲	11歲	12歲	13歲	14歲	15歲

青年期（13週～6個月）

貓咪第二次社會化重要的時期，是愛玩耍的時期也會對周遭環境產生好奇心，主人要不斷地給予刺激，讓貓咪提早習慣生活環境中能看到、接觸到的東西(例如：各種型態的地板材質、小朋友、陌生人、其它貓咪、各種材質觸感、太陽眼鏡、吸塵器、家電產品、電話鈴聲、吹風機、雨聲及打雷聲等)。此階段的貓咪眼睛色澤會慢慢變化為成貓的顏色、也會開始換牙。

6個月之後

成熟期是貓咪活動量與好奇心最旺盛的階段，應積極地提供大量的遊戲與活動；貓咪的骨骼於出生一年後幾乎發育完成（大型貓在四年內還有持續生長的可能性）。約 7 個月之後就可與獸醫師討論結紮手術進行的時間；為了讓貓咪與管家過著幸福快樂的生活，之後每年要定期檢查貓咪的健康和狀態喔。

貓咪成長期的
Check List

要使毛孩過得健康又快樂，一同來遵守下列事項吧！

1. 用心瞭解貓咪。
2. 學習貓咪習性的心態絕不可少。
3. 提供貓咪乾淨的生活環境。

☑ 根據貓咪不同的年齡，管家的業務內容如下

● 3～6週

- 貓咪一點一點地接觸與熟悉人類並學習社會化的階段。若碰觸貓咪時動作需輕柔，但儘量不要太頻繁碰觸。
- 開始向母貓學習如何排便，請準備進出方便、高度較低的貓砂盆。-開始接受預防接種（出生後6週左右）。
- 出生5週後乳牙已生長完全並開始拒吸母奶，需將飼料用水泡軟供小貓食用。

● 7～10週

- 小貓完全斷奶後就可開始餵食飼料，注意飼料份量應適量。
- 會跟母貓學習狩獵技巧，也會跟人玩狩獵遊戲。
- 接受初次預防接種。(從產後8週齡開始)
- 出生後約70天才可脫離母貓；過早會造成社交學習問題，過晚會對陌生環境適應不良。

4. 為了貓咪的健康，請提供營養與安全的食物。

5. 需實施社會化教育，以利生存能力。

6. 讓貓咪從小就能適應寵物籃、寵物車等移動用具，避免到醫院時手忙腳亂。

11週～15週

- 讓貓咪熟悉修剪指甲、刷牙、梳整毛髮等基本管理。
- 出生後90天起是領養的最佳時期。
- 在陌生環境適應1週後，較不會對沐浴等產生壓力。
- 領養後請至獸醫院做健康檢查，以便掌握貓咪的健康狀態。

4個月～8個月

- 此為性格養成的重要時期，需讓貓咪經歷獸醫院、與訪客見面等各式各樣的經驗；若在此時能讓貓咪好好適應大部分不喜歡的事，即使成貓後也能坦然面對。
- 管家請時常陪貓咪玩玩具，增進情感。
- 貓咪的乳牙會脫落，長出恆牙；之前清洗乳牙為練習的階段，現在則為實戰。
- 6個月左右是第二性徵成熟時期；在7個月之後，請和獸醫師商談結紮手術相關事項。

貓咪成長期的 Check List

1歲

- 身體發育幾乎完成的成貓。(大型貓在4年內還有持續生長的可能性)
  飼料請更換成成貓使用的飼料。
- 貓咪的好奇心旺盛，請經常跟貓咪玩遊戲。
- 生活在室內的貓咪因運動量不大容易變胖，需注意飼料的供給量，避免造成肥胖。
- 貓咪未來若生病需負擔醫療費，應開始做定期儲蓄。

2～6歲

- 這是貓咪的青春期也是活動力最佳的時期，需要充分的運動量。
- 請檢查小時候的預防接種所產生的抗體是否有效。
- 請注意有無好好喝水。
- 時時在家做自我健康檢測，確認貓咪的健康狀態。
- 定期做健康檢查。

7～10歲

- 此為開始老化的階段，應預防老化伴隨的疾病與管理，並定期做綜合健檢。
- 經常發生腎機能下降、關節炎、消化器官疾病、牙周病等疾病，應事先瞭解疾病的 徵兆。
- 每年兩次血液檢查。
- 請更換成老貓飼料。(根據貓種和健康狀況調整)

10歲以後

- 幼貓的照料方式會影響貓咪的晚年，若是餵食人吃的食物、疏於遊戲互動和定期的健康檢查，貓咪的晚年可能會變得相當辛苦，這點請銘記在心。
- 必需定期健康檢查。
- 給老貓一個安全的生活環境。（高處請設置階梯、確認廁所的門檻等）

管家一定要會的
貓咪餵藥技巧

藥丸

1. 抓住鼻頭處，將頭輕輕往後仰。
2. 用拇指和食指將嘴巴打開。
3. 將藥丸放到舌背根部。
4. 立即將貓咪的嘴閉合，鼻頭往上抬時抓住數秒等待一下；這時往鼻頭輕輕吹氣，貓咪會有點小驚嚇，並順勢將藥丸吞下。
5. 確定藥丸吞下去後，再將手鬆開。

藥水

1. 將鼻子輕輕往上抬固定好後，把嘴打開。
2. 用滴管或針筒吸入藥水，將針筒放在貓咪上顎犬齒和小臼齒的齒縫位置，緩慢注入。
3. 藥水注入後讓貓咪嘴巴閉合，揉捏咽喉以助於吞食藥水。

藥粉

喵
零食
藥粉

1. 準備一些喵喵平時喜歡的零食。
2. 將藥粉藏在零食裡。
3. 將包覆藥粉的零食放在舌根處，使嘴巴閉合後稍做等待。
4. 或是也可將藥粉伴入貓咪喜愛的罐頭，但注意別讓貓聞到藥味，可能貓咪就不吃了。

Tip 可將藥粉跟水或糖漿均勻混合後，用滴管或注射器餵食。

眼藥水

1. 用手撐開一隻眼睛的眼頭，點的時候慢慢靠近，別讓貓咪發現。
2. 需注意眼藥水的滴頭別碰到角膜，點1滴即可。
3. 如需同一時間使用2～3種的眼藥水，對眼睛小的貓咪來說，建議間隔5分鐘以上再點。
4. 利用拇指和食指將眼皮反覆閉合、打開1～2次。

- 貓咪不會說話，即便不舒服也不會表現出來。
- 不留心觀察會成為不稱職的管家。
- 管家的一時疏忽，有可能使寶貝毛孩錯過黃金治療時機。

PART 2.

貓咪健康手冊

- ☑ 有此現象請盡快就診！
- ☑ 貓咪的基本管理計劃
- ☑ 貓咪的預防接種計劃

有此現象
請盡快就診！

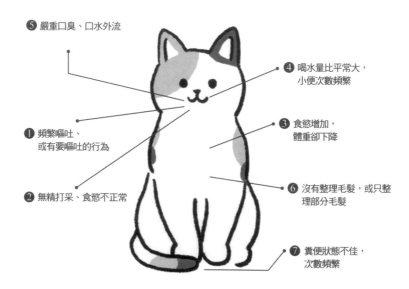

❺ 嚴重口臭、口水外流
❹ 喝水量比平常大，
小便次數頻繁
❶ 頻繁嘔吐、
或有要嘔吐的行為
❸ 食慾增加，
體重卻下降
❻ 沒有整理毛髮，或只整
理部分毛髮
❷ 無精打采、食慾不正常
❼ 糞便狀態不佳，
次數頻繁

1. 造成嘔吐的原因有很多，可能是吐毛球、暴食或消化器官疾病等，通常1個月內可能會發生1至2次的輕微嘔吐現象，若次數頻繁應請立即就醫。
2. 看到平常喜愛的零食也沒食慾，突然無力的狀況下請立即至獸醫院檢查；特別是長時間躲在某安靜的角落都不出來，一定要立即檢查。
3. 飼料吃的比平常多，體重卻不增反降，需檢查是否罹患甲狀腺機能亢進症。
4. 發生這現象會推測罹患心臟病或糖尿病的機率很高；反之若小便次數少、或尿不太出來的情況，就有可能是膀胱炎或尿道炎。
5. 健康的牙齦是粉紅色，牙齦若偏深紅出血或偏黑的情況，可能罹患貓齒重吸收病或牙齦炎，需儘快接受治療。
6. 如身體不舒服，就不太會梳理毛髮。反之，毛髮過度整理可能是不安導致，並會擴大脫落範圍。
7. 腹瀉的原因很多，可能來自於壓力、突然更換飼料、同時餵生食和飼料，若持續腹瀉應至醫院就診。如若腹瀉同時伴隨著血便、嘔吐的產生，應將症狀拍下後立即至醫院就醫。

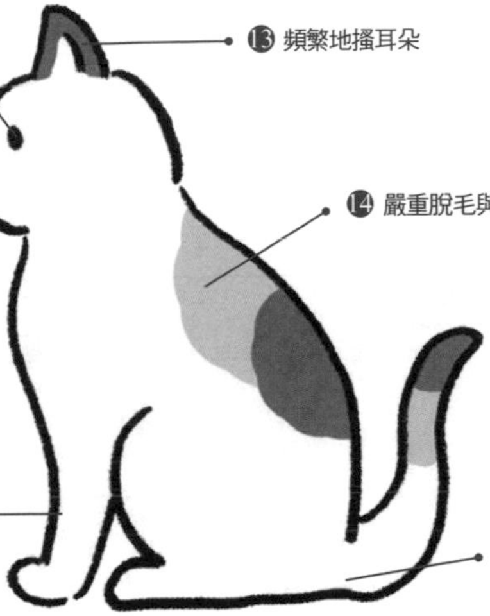

❽ 眼睛腫、流淚
⓭ 頻繁地搔耳朵
❾ 打噴嚏、流鼻水
⓮ 嚴重脫毛與產生皮屑
⓫ 打噴嚏、呼吸急促
❿ 不時發出異常的哭聲
⓬ 走路異常，
高處跳不上去
⓯ 肛門處覺得癢、或在地
板上磨屁股

8. 眼睛腫或流淚，屬於上半部呼吸器疾病其中一項症狀，置之不理則有可能引發為結膜炎，請一定要向獸醫諮詢。
9. 打噴嚏或流鼻水有可能是上半部呼吸器疾病的症狀。
10. 在感到壓力、極度陌生的地方都有可能會發出哭聲，也有可能是甲狀腺機能亢進引起，請務必至獸醫院檢查。
11. 如果經常從胸部(胸腔)發出用力「喀喀」的咳嗽聲，表示異常。（與打噴嚏不同）持續咳嗽會引起呼吸不正常，有可能是氣喘、肺炎、心絲蟲感染，一定要盡快就診。
12. 受傷的地方不明顯、或關節不舒服的機率大。
13. 耳朵很癢、或只對耳朵某部位搔癢，有可能是中耳炎、內耳炎、耳疥蟲感染。
14. 若是貓咪感到壓力會嚴重掉毛，若是產生過多皮屑有可能是罹患皮膚病或炎症，應儘快向獸醫諮詢。
15. 貓咪在地板上拖行屁股時，應是需要清理肛門腺的時候；若擠過後貓咪仍繼續磨屁股，可能是有其他異常，應儘快就診。

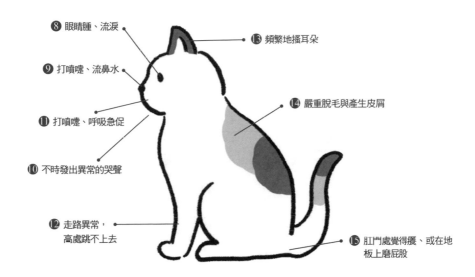

貓咪的
基本管理計劃

飼養貓咪請注意下列事項：

1. 過度的關心或是漠視，都有可能傷害家貓的身體和心靈。
2. 絕對不可以使用棉花棒清理耳朵。
3. 請使用適合長毛用或短毛用的梳子。
4. 請勿因為可愛就時常抱牠或摸牠，應尊重貓咪的內心情感。
5. 美容時，請幫愛貓設計適合生活環境的造型。
6. 需注意飲食狀況，避免進食過量或不吃。

健康管理	時間及次數	效果及注意事項
刷牙	1天1次(最少每週1次)	效果：去除口臭與預防牙結石 請使用動物專用的牙膏和牙刷
清耳朵	根據耳朵狀態每週1次或每月1次	效果:預防外耳炎 將潔耳劑滴入耳道裡，用手按摩幾下後，用棉花擦拭多餘的潔耳劑
沐浴	短毛不一定需要，除非太髒，如罹患皮膚病，則需使用藥用洗毛精。 長毛2～3月清洗1次	效果：皮膚管理與保持清潔、預防皮膚病 使用專用洗毛精 當有皮膚病時請使用藥用洗毛精
毛髮梳理	短毛每週1次 長毛每天1次以上	效果：減少毛髮脫落、避免打結 輕柔梳理5～10分鐘以上
美容	主要夏季1次 （針對生活不便的長毛貓）	效果：避免打結、調節體溫 交由美容院（根劇貓種價格不一） 自行幫貓咪美容時請用推刀代替剪刀
更換貓砂	根據貓砂的種類、狀態及數量 每週1次或每月1次	將使用過的貓砂全部倒掉，貓砂盆清洗乾淨後再倒入新的貓砂
食物	購買飼料後紀錄 購買零食後紀錄	確認平時的食量並進行體重管理

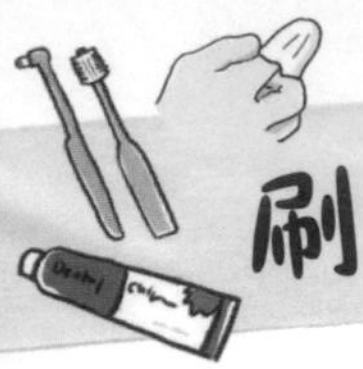

刷牙

來紀錄貓咪的刷牙日吧!

· 次數管理：每週___次

· 牙膏種類：____________

· 牙刷種類：____________

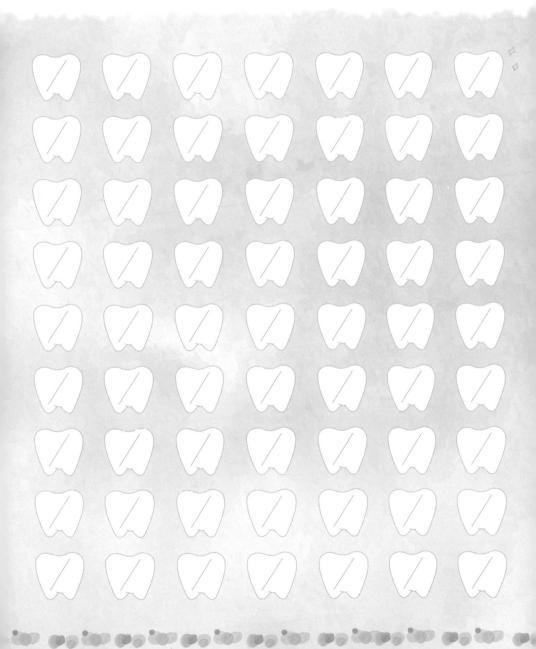

刷牙

來紀錄貓咪的刷牙日吧!

· 次數管理：每週___次

· 牙膏種類：____________

· 牙刷種類：____________

耳朵清潔

來紀錄愛貓清耳朵的日子吧!

· 次數管理：一個月_____次

· 清潔目的：一般 / 發炎

· 清耳液種類：____________

耳朵清潔

來紀錄愛貓清耳朵的日子吧!

· 次數管理：一個月_____次

· 清潔目的：一般 / 發炎

· 清耳液種類：___________

沐浴

來紀錄愛貓沐浴的日子吧!

· 次數管理：一個月______次

· 洗澡方法：寵物美容院 / 自行處理

· 洗毛精種類：______________

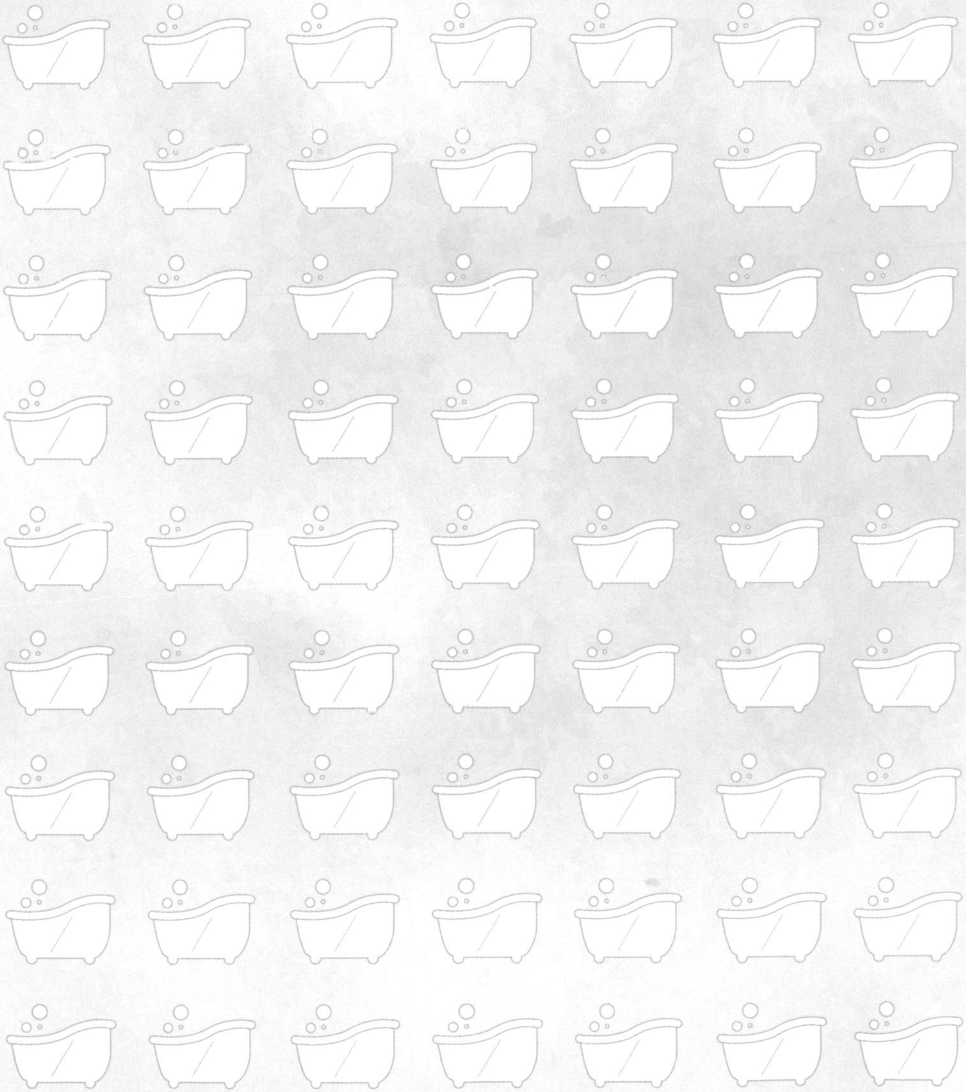

毛髮梳理

來紀錄愛貓毛髮梳理的日子吧!

· 梳理次數：每日／週____次

· 梳子種類：________

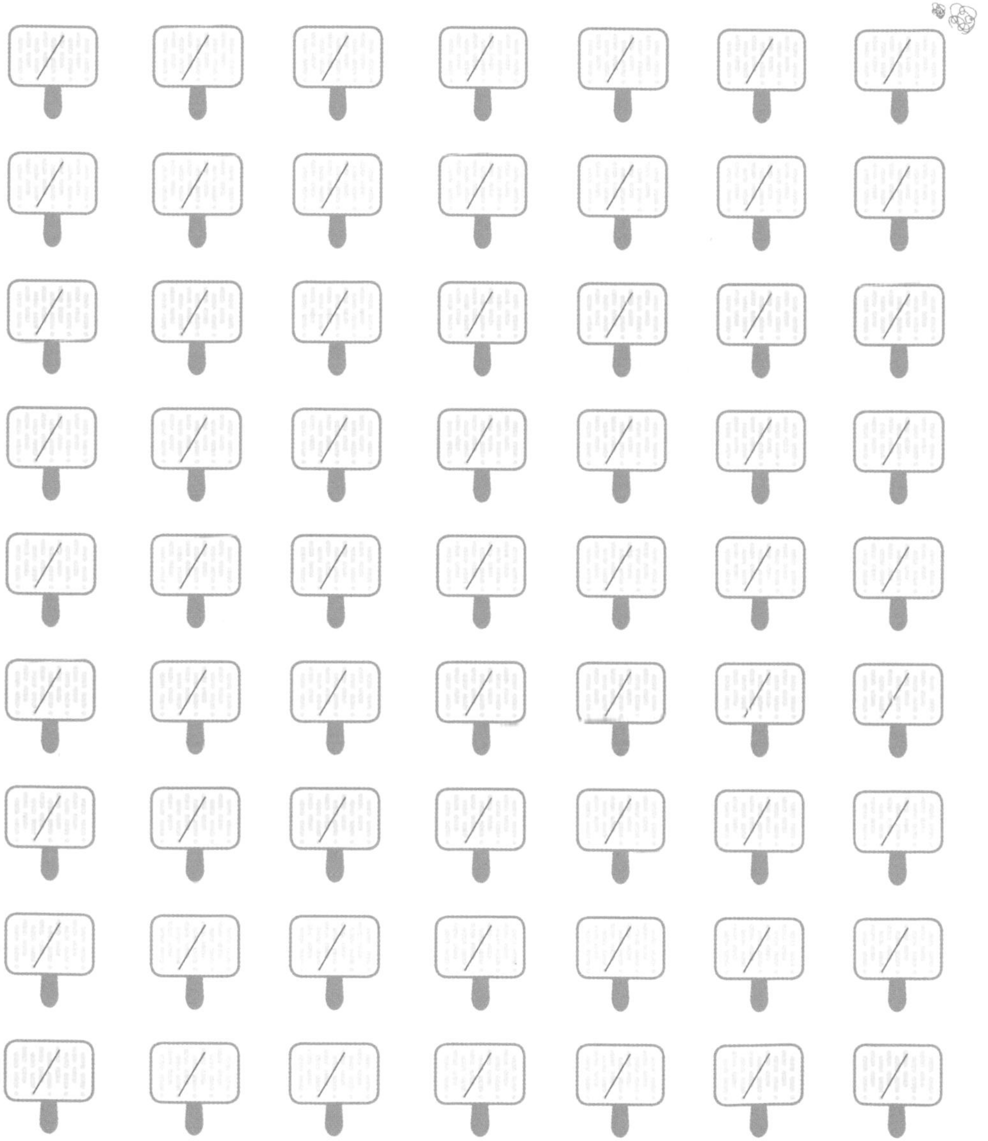

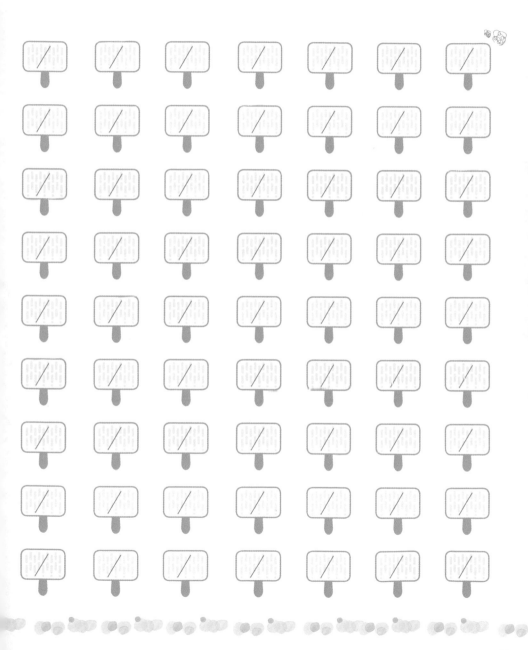

毛髮梳理

來紀錄愛貓毛髮梳理的日子吧!

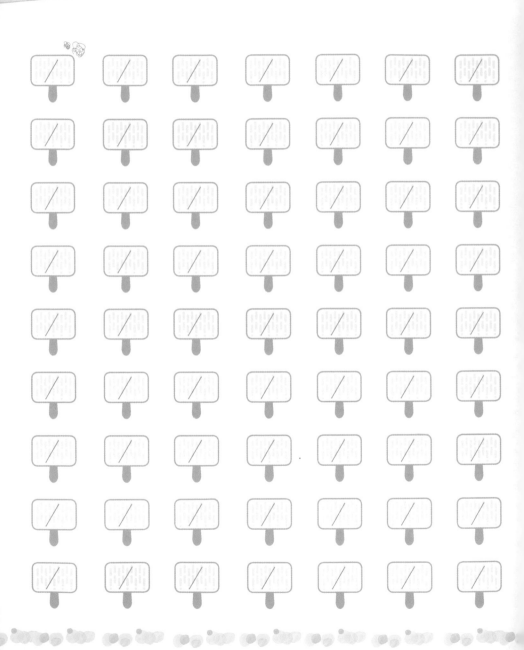

· 梳理次數：每日／週____次

· 梳子種類：________

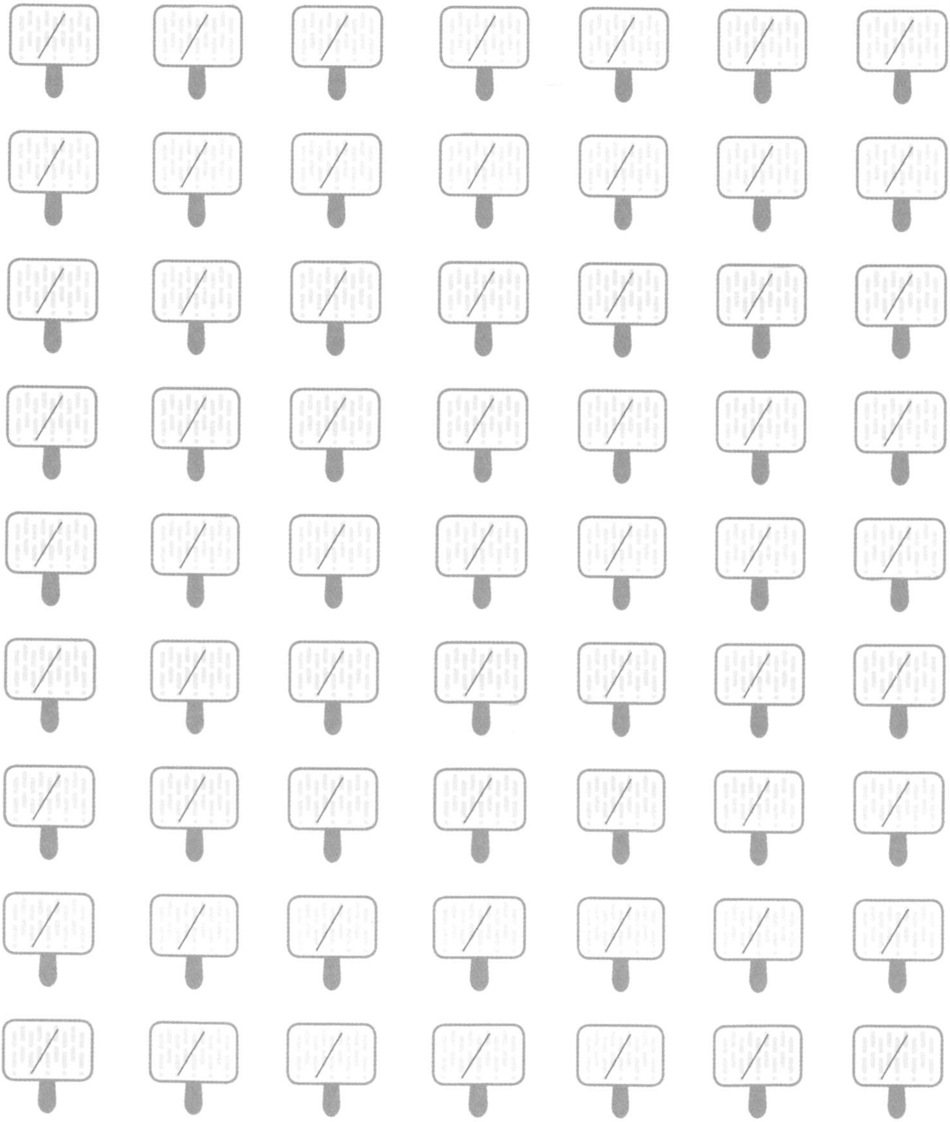

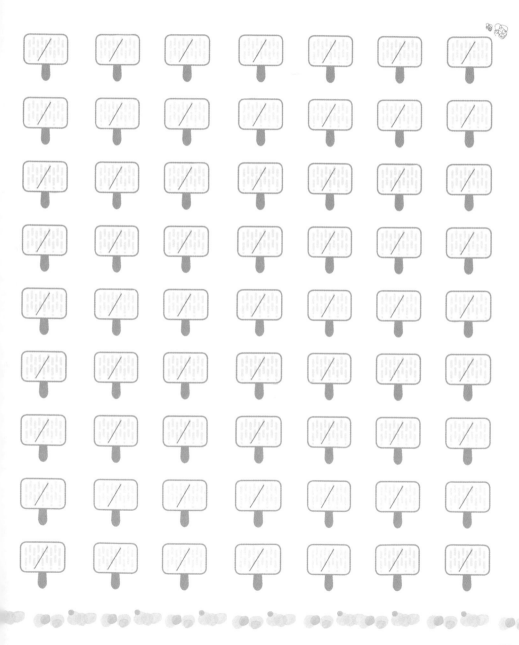

毛髮梳理

來紀錄愛貓毛髮梳理的日子吧!

· 梳理次數：每日／週＿＿＿

· 梳子種類：＿＿＿＿＿

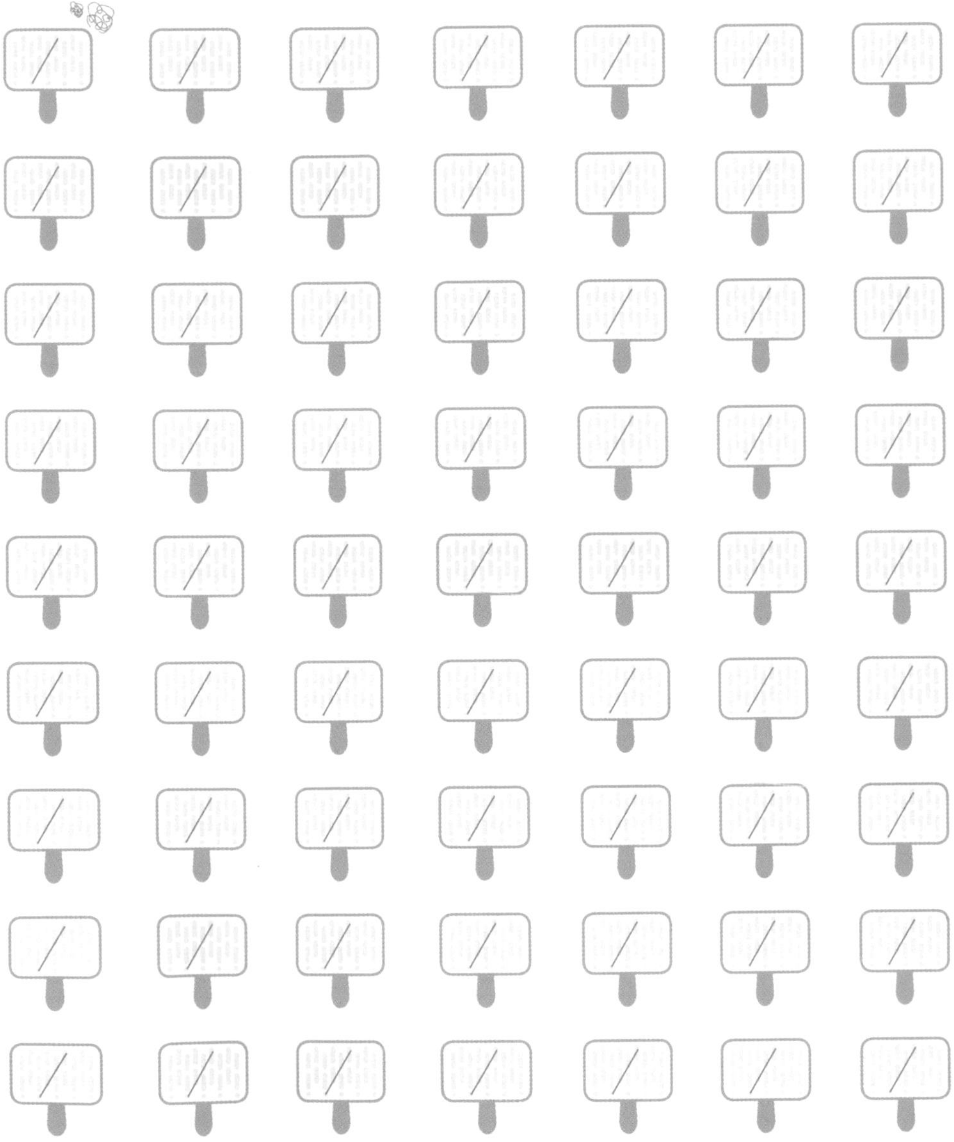

美容

來紀錄愛貓美容的日子吧!

· 美容次數：___月___次

· 美容方法：美容院／管家負責

· 美容風格：________

Litter

更換貓砂

來紀錄愛貓的貓砂盆清潔日子吧!

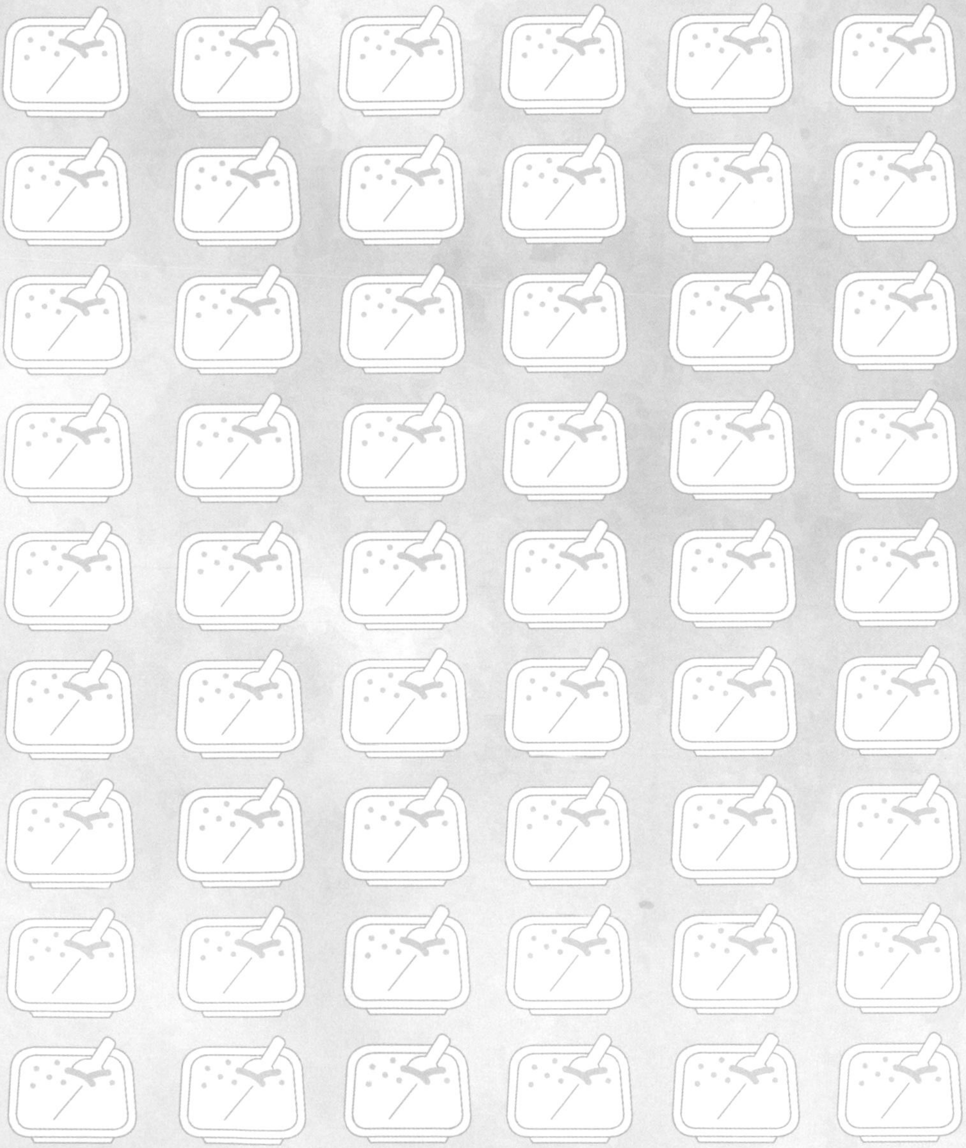

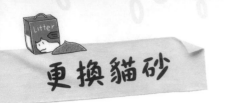

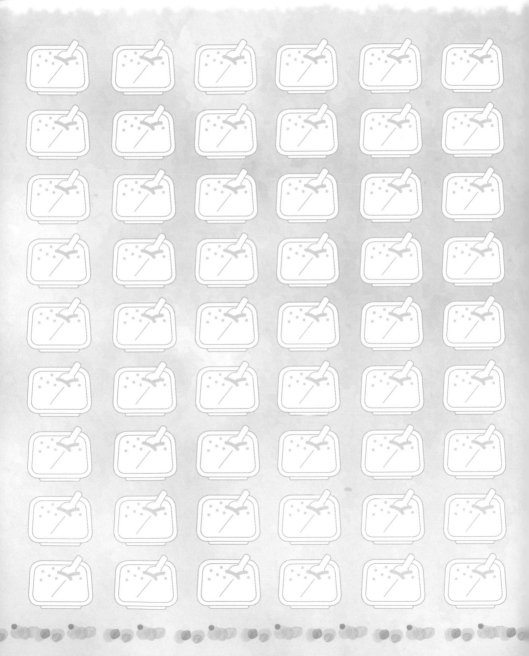

· 每週／月____次

· 貓砂種類：__________

Litter

更換貓砂

來紀錄愛貓的貓砂盆清潔日子吧!

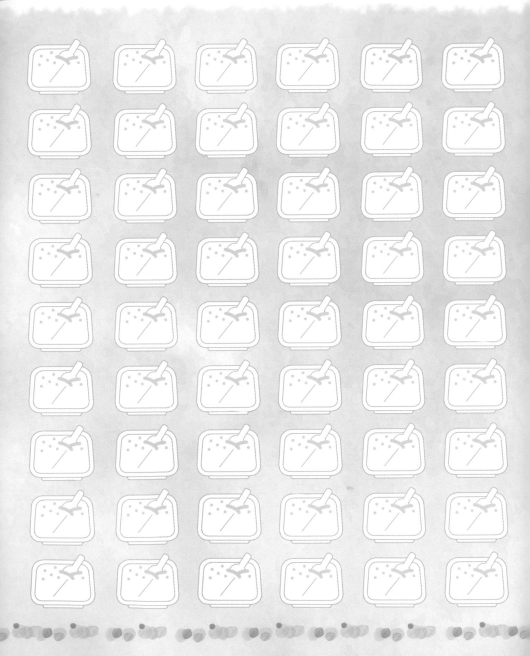

· 每週／月____次

· 貓砂種類：__________

CATS
CATS

食物

紀錄飼料及零食的購買日期，
管理愛貓的飲食習慣和體重。

購買日期	購買品項 購入地點	重量 (kg)	供給方式和份量	有效期限	貓咪的喜愛程度	備註

購買日期	購買品項 購入地點	重量(kg)	供給方式和份量	有效期限	貓咪的喜愛程度	備註

CATS
CATS

食物

紀錄飼料及零食的購買日期，
管理愛貓的飲食習慣和體重。

購買日期	購買品項 購入地點	重量 (kg)	供給方式和份量	有效期限	貓咪的喜愛程度	備註

購買日期	購買品項 購入地點	重量 (kg)	供給方式和份量	有效期限	貓咪的喜愛程度	備註

貓咪的
預防接種計劃

預防接種時的注意事項！

1. 必須考慮寄生蟲、疾病、營養狀況、環境等貓咪的變化，應與獸醫師諮詢。
2. 預防接種後的1週內，避免沐浴、美容、搬家等造成貓咪壓力的來源。
3. 預防接種當天請勿餵食過量的肉類、零食，避免造成臟器負擔。
4. 預防接種後可能產生各種症狀，務必留心觀察。

<table>
<tr><th>疫苗接種分類</th><th>接種疫苗名稱</th><th>接種間隔</th><th>追加接種</th></tr>
<tr><td rowspan="3">定期管理</td><td>綜合疫苗(FVRCP+CH)</td><td>間隔3～4週，共3次</td><td rowspan="3">每年</td></tr>
<tr><td>狂犬病(Rabies)</td><td>綜合疫苗第3次接種時，同時接種1次</td></tr>
<tr><td>皮黴菌錢癬疫苗(Ringworm)</td><td>間隔3週，共2次</td></tr>
<tr><td rowspan="2">週期管理</td><td>心絲蟲(Heart Worm)</td><td rowspan="2" colspan="2">根據季節諮詢(*確認每年感染與否)</td></tr>
<tr><td>外部／內部寄生蟲(Deworming)</td></tr>
<tr><td rowspan="4">特別管理</td><td>抗體檢查</td><td colspan="2">必要時每年1次或每2～3年1次</td></tr>
<tr><td>貓傳染性腹膜炎</td><td rowspan="2" colspan="2">檢查抗體後，在沒有抗體的狀態下才能接種</td></tr>
<tr><td>白血病疫苗(FeLV)</td></tr>
<tr><td colspan="3">定期檢驗與診療紀錄</td></tr>
</table>

綜合疫苗
FVRCP+CH

主要預防感染貓病毒性鼻氣管炎(R)、卡里西(C)、貓瘟(P)、披衣菌。

*產後8週基礎接種(間隔3～4週，共3次)，之後每年1次追加接種。

副作用 有 / 無

預定日期 DATE DUE	接種日期 DATE GIVEN	接種疫苗 VACCINE USED	獸醫師簽名 SIGNATURE
❶			
❷			
❸			

預定日期 DATE DUE	接種日期 DATE GIVEN	接種疫苗 VACCINE USED	獸醫師簽名 SIGNATURE

狂犬病
Rabies

一種由狂犬病病毒引起的人畜共患疾病，病毒會侵入恆溫動物(包含人類)的中樞神經，造成腦炎；當狂犬病症狀出現的致死率必定百分百且無法治癒。

*綜合疫苗第3次接種時同時接種，之後每年1次追加接種

副作用 有 / 無

預定日期 DATE DUE	接種日期 DATE GIVEN	接種疫苗 VACCINE USED	獸醫師簽名 SIGNATURE
❶			

預定日期 DATE DUE	接種日期 DATE GIVEN	接種疫苗 VACCINE USED	獸醫師簽名 SIGNATURE

皮癬菌病疫苗 Ringworm

也稱金錢癬，是真菌(黴菌)感染引起的皮膚病，通常會導致皮膚搔癢、發紅、圓形癬斑等症狀；貓癬的傳染性高，可以在人與動物或人與人之間傳播，因此預防相當重要。

*產後8週齡以上基礎接種(間隔3週，共2次)，之後每年1次追加接種。

副作用 有 / 無

預計日期 DATE DUE	接種日 DATE GIVEN	預防藥 VACCINE USED	獸醫師姓名 SIGNATURE
❶			
❷			

預計日期 DATE DUE	接種日 DATE GIVEN	預防藥 VACCINE USED	獸醫師姓名 SIGNATURE

心絲蟲
Heart Worm

透過蚊子叮咬傳播，應每月投一次預防藥，且每年再確認感染與否；症狀為咳嗽、呼吸困難、食欲不振、血尿、腹水等。

*投心絲蟲預防藥先前確認感染與否

副作用 有 / 無

預計日期 DATE DUE	投藥日 DATE WORMED	藥品名 DRUG USED

預計日期 DATE DUE	投藥日 DATE WORMED	藥品名 DRUG USED

預計日期 DATE DUE	投藥日 DATE WORMED	藥品名 DRUG USED

預計日期 DATE DUE	投藥日 DATE WORMED	藥品名 DRUG USED

消滅寄生蟲
Deworming

遭寄生蟲寄生的貓咪容易誘發其他疾病的感染，導致營養與健康狀況變差，請將內外部寄生蟲消滅。

*外部寄生蟲劑：每月1次；內部寄生蟲劑：每2～3月1次

副作用 有/無

預計日期 DATE DUE	投藥日 DATE WORMED	藥品名 DRUG USED 內部／外部
		內/外
		內/外
		內/外
		內/外
		內/外
		內/外
		內/外
		內/外
		內/外
		內/外
		內/外

預計日期 DATE DUE	投藥日 DATE WORMED	藥品名 DRUG USED 內部／外部
		內/外
		內/外
		內/外
		內/外
		內/外
		內/外
		內/外
		內/外
		內/外
		內/外
		內/外

預計日期 DATE DUE	投藥日 DATE WORMED	藥品名 DRUG USED 內部／外部
		內/外
		內/外
		內/外
		內/外
		內/外
		內/外
		內/外
		內/外
		內/外
		內/外
		內/外
		內/外
		內/外

預計日期 DATE DUE	投藥日 DATE WORMED	藥品名 DRUG USED 內部／外部
		內/外
		內/外
		內/外
		內/外
		內/外
		內/外
		內/外
		內/外
		內/外
		內/外
		內/外
		內/外
		內/外

抗體檢查
Antibody Titer Test

疫苗接種施打後，沒產生抗體的情況有諸多原因，
只需接受簡單的檢查就能確認抗體的狀況。

副作用 有 / 無

預計日期 DATE DUE	檢查日 DATE TESTED	檢查結果 RESULT	獸醫師姓名 SIGNATURE

預計日期 DATE DUE	檢查日 DATE TESTED	檢查結果 RESULT	獸醫師姓名 SIGNATURE

貓傳染性腹膜炎 FIP

由貓自身攜帶的貓冠狀病毒(Feline Corona virus)發生突變而來，此疾病會造成腹水或胸水；發病率雖不高，但對貓咪來說卻是致命的不癒之症。

*抗體檢查後在無抗體的情況下接種

副作用 有 / 無

預計日期 DATE DUE	接種日 DATE GIVEN	預防藥 VACCINE USED	獸醫師姓名 SIGNATURE

預計日期 DATE DUE	接種日 DATE GIVEN	預防藥 VACCINE USED	獸醫師姓名 SIGNATURE

白血病病毒 FeLV

是由Retrovirae Oncornavirs所引起的一種高傳染率及死亡率疾病，受到傳染的貓咪會引起貧血、呼吸困難、有氣無力、體重下降、發燒等骨髓機能異常現象；雖非必要接種疫苗，但野貓或短毛貓感染此病毒的機率大，因此還是有接種的需要。

*抗體檢查後在無抗體的情況下接種

副作用 有 / 無

預計日期 DATE DUE	接種日 DATE GIVEN	預防藥 VACCINE USED	獸醫師姓名 SIGNATURE

預計日期 DATE DUE	接種日 DATE GIVEN	預防藥 VACCINE USED	獸醫師姓名 SIGNATURE

診療紀錄 Medical Records

俗話說：「預防勝於治療」，醫院就診紀錄對愛貓的健康管理來說，更是擔任重要的角色。

日期 DATE	診療內容 MEDICAL NOTES
/ 獸醫師簽名：	診斷名稱： MEMO:
/ 獸醫師簽名：	診斷名稱： MEMO:
/ 獸醫師簽名：	診斷名稱： MEMO:
/ 獸醫師簽名：	診斷名稱： MEMO:
/ 獸醫師簽名：	診斷名稱： MEMO:
/ 獸醫師簽名：	診斷名稱： MEMO:
/ 獸醫師簽名：	診斷名稱： MEMO:

日期 DATE	診療內容 MEDICAL NOTES
/ 獸醫師簽名：	診斷名稱： MEMO:
/ 獸醫師簽名：	診斷名稱： MEMO:
/ 獸醫師簽名：	診斷名稱： MEMO:
/ 獸醫師簽名：	診斷名稱： MEMO:
/ 獸醫師簽名：	診斷名稱： MEMO:
/ 獸醫師簽名：	診斷名稱： MEMO:
/ 獸醫師簽名：	診斷名稱： MEMO:

診療紀錄 Medical Records

俗話說：「預防勝於治療」，醫院就診紀錄對愛貓的健康管理來說，更是擔任重要的角色。

日期 DATE	診療內容 MEDICAL NOTES
/ 獸醫師簽名：	診斷名稱： MEMO:
/ 獸醫師簽名：	診斷名稱： MEMO:
/ 獸醫師簽名：	診斷名稱： MEMO:
/ 獸醫師簽名：	診斷名稱： MEMO:
/ 獸醫師簽名：	診斷名稱： MEMO:
/ 獸醫師簽名：	診斷名稱： MEMO:
/ 獸醫師簽名：	診斷名稱： MEMO:

日期 DATE	診療內容 MEDICAL NOTES
/ 獸醫師簽名：	診斷名稱： MEMO:
/ 獸醫師簽名：	診斷名稱： MEMO:
/ 獸醫師簽名：	診斷名稱： MEMO:
/ 獸醫師簽名：	診斷名稱： MEMO:
/ 獸醫師簽名：	診斷名稱： MEMO:
/ 獸醫師簽名：	診斷名稱： MEMO:
/ 獸醫師簽名：	診斷名稱： MEMO:

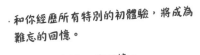

·和你經歷所有特別的初體驗，將成為難忘的回憶。

·每天每天都會一直回憶。

·不想錯過和你相處的時光，全都要紀錄下來。

PART 3.

貓管家日記

- ☑ 特別節日紀錄
- ☑ 日常紀錄

十
照片
請貼上貓咪的照片
我和你的
初次相遇

_____年_____月_____日

要成為你們的管家不知苦惱多久、花了多少時間準備。雖對負責生命一事倍感壓力，卻也相當興奮。

心跳加速，特別的初次相遇

難道這就是貓緣嗎?!

見到這隻貓的瞬間心想：就是你了。

你的體重是___kg

和你相遇的地方是______。

你有___個兄弟姐妹。

你的樣子就像________。

今天是我們的第一天!

以後你就叫做______。

而我，是你一輩子的管家。

請多多指教♥

＋
照片
請貼上貓咪的照片
第一次上廁所

____年____月____日

貓咪竟然會掩埋自己的大小便，貓咪除了很會掉毛，真的是最完美的動物。你們真的是個愛乾淨、優雅的動物呢！

從現在起，這裡是咪咪的秘密空間～

你第一次使用的貓砂是__________，

來到家你最先在__________上廁所。

我們聰明的__________，

從現在起，你的廁所在__________。

好啦～現在連廁所都認識完畢，
我會馬上再幫你多準備間廁所。
你以後在這裡解決就行了，
我也會在我的廁所裡解決！

+
照片
請貼上貓咪的照片
初次拜訪
動物醫院

_____年_____月_____日

我居然要去動物醫院了！對我來說很陌生、也很新奇。
你應該感到更加陌生害怕吧……
謝謝你，勇敢地忍住了。

貓咪無病長壽，關鍵在管家～

第一次和你去的醫院是__________，

因為__________。

獸醫師初次見到你的反應是__________，

他看著你說__________。

為了往後健健康康地和我生活下去，

一起慢慢習慣去醫院的日子吧！

+
照片
請貼上貓咪的照片

一下子就迷上的 貓草體驗

_____年_____月_____日

這像極綠茶香氣的氣味，到底有什麼力量？你聞到草味後在地上翻滾、流口水的樣子雖然很搞笑，卻也是個令人難忘的瞬間。

為你準備的
貓草派對初體驗！

你的第一個貓草是＿＿＿＿＿。

聞到貓草的味道，

你第一個反應是＿＿＿＿。

你的表情看起來＿＿＿＿，

漸漸還做出了＿＿＿＿的舉動，

看到你這樣的模樣，覺得＿＿＿＿＿。

不知你的心情如何⋯

但我相信這會有助於消除你的壓力，

下次給你買氣味濃郁的新貓草！

＋
照片
請貼上貓咪的照片

第一顆乳牙 脫落的日子

_____年_____月_____日

什麼?!連脫落的乳牙都不能丟，這才覺得「原來我真的和貓咪住在一起啊」。

我家貓咪微小珍貴的一部分

你第一顆乳牙脫落的時候是__________，

第一次看到乳牙的時候，

產生了____________的想法。

我發現第一顆掉落的乳牙是在______________。

其他人看了或許會認為很奇怪，

但我會將你脫落的乳牙，用________保管起來。

＋
照片
請貼上貓咪的照片
Good job!
獵蟲初體驗

_____年_____月_____日

你是怎麼有勇氣去抓那些噁心的蟲蟲呢?
看到你抓蟲的樣子，我都覺得你比我有用。

連蟲都幫我抓的完美的你！

你第一次抓到的蟲蟲是__________，

你第一次看到活生生的蟲蟲的反應是__________。

你獵蟲初體驗的結果是 □成功 □失敗

在抓蟲的你既可愛又__________。

下次有蟲也拜託你啦！

啊，可是不要吃牠啦TT_TT

＋
照片
請貼上貓咪的照片
陌生的
相遇

____年____月____日

在你的宇宙裡，照理來說除了我沒有別人…所以當有陌生人出現時嚇到了吧?

因為我太想向別人炫耀我家可愛的咪咪了，體諒我一下囉！

請原諒這愚蠢的管家吧～

你第一次見到的「陌生人」是＿＿＿＿＿＿。

看到他，你的反應是＿＿＿＿＿！

來看你的這位客人，一見到你：＿＿＿＿＿，

你和客人第一件做的事是＿＿＿＿＿＿。

有陌生人來嚇到你了吧？對不起……

我只是想讓別人看看你……

不過，往後經常會有客人來找家，

每當那時候可別再嚇到囉……

這樣一步一步與他人相遇，有助於增加社會性。

+
照片
請貼上貓咪的照片
緊張的
洗澡初體驗

____年____月____日

幫貓貓洗澡是每個管家都會感到緊張的時刻。

即便如此，洗澡初體驗順利結束，也似乎因此抓到訣竅。下次我一定會做得更好！

你的清潔，就交給管家我吧！

第一次洗澡的時候，

你非常__________。

原來你__________洗澡啊!

幫你洗完澡的我，

產生了________的想法。

平時好好梳理毛髮，

毛也沒沾到便便的話！

我會盡量減少洗澡的次數。

酷夏的美容初體驗

照片
請貼上貓咪的照片

____年____月____日

沒有毛的你有點滑稽、也有點不習慣，

而有毛的你就像個娃娃……雖然很抱歉，

不過你可以度過一個較沁涼舒適的夏天。

懷念如娃娃般的你

你第一次去美容的地方是＿＿＿＿＿＿。

美容時間總共花了＿＿＿＿＿＿。

美容後，你那＿＿＿＿＿＿的表情，

我永遠都忘不了。

美容後的你的樣子就像是＿＿＿＿＿＿。

第一次美容應該嚇到了吧……對不起！

3個月後毛長回來，就能回到美麗的容貌囉。

Daily Diary

主題：　年　月　日

＋
照片

□精力充沛　□食欲正常　□大小便正常
□一樣愛梳理毛髮　□眼睛沒有異常　□皮膚沒有傷口或發炎
□耳道乾淨　□與平時一樣抓貓抓板　□無牙結石、牙齦炎、口臭

主題：　年　月　日

＋
照片

□精力充沛　□食欲正常　□大小便正常
□一樣愛梳理毛髮　□眼睛沒有異常　□皮膚沒有傷口或發炎
□耳道乾淨　□與平時一樣抓貓抓板　□無牙結石、牙齦炎、口臭

主題：　年　月　日

＋
照片

□精力充沛　□食欲正常　□大小便正常
□一樣愛梳理毛髮　□眼睛沒有異常　□皮膚沒有傷口或發炎
□耳道乾淨　□與平時一樣抓貓抓板　□無牙結石、牙齦炎、口臭

主題：　年　月　日

＋
照片

□精力充沛　□食欲正常　□大小便正常
□一樣愛梳理毛髮　□眼睛沒有異常　□皮膚沒有傷口或發炎
□耳道乾淨　□與平時一樣抓貓抓板　□無牙結石、牙齦炎、口臭

主題： 年 月 日

＋
照片

☐精力充沛 ☐食欲正常 ☐大小便正常
☐一樣愛梳理毛髮 ☐眼睛沒有異常 ☐皮膚沒有傷口或發炎
☐耳道乾淨 ☐與平時一樣抓貓抓板 ☐無牙結石、牙齦炎、口臭

主題： 年 月 日

＋
照片

☐精力充沛 ☐食欲正常 ☐大小便正常
☐一樣愛梳理毛髮 ☐眼睛沒有異常 ☐皮膚沒有傷口或發炎
☐耳道乾淨 ☐與平時一樣抓貓抓板 ☐無牙結石、牙齦炎、口臭

主題： 年 月 日

＋
照片

☐精力充沛 ☐食欲正常 ☐大小便正常
☐一樣愛梳理毛髮 ☐眼睛沒有異常 ☐皮膚沒有傷口或發炎
☐耳道乾淨 ☐與平時一樣抓貓抓板 ☐無牙結石、牙齦炎、口臭

主題： 年 月 日

＋
照片

☐精力充沛 ☐食欲正常 ☐大小便正常
☐一樣愛梳理毛髮 ☐眼睛沒有異常 ☐皮膚沒有傷口或發炎
☐耳道乾淨 ☐與平時一樣抓貓抓板 ☐無牙結石、牙齦炎、口臭

Daily Diary

主題：　　年　　月　　日

＋
照片

☐精力充沛　☐食欲正常　☐大小便正常
☐一樣愛梳理毛髮　☐眼睛沒有異常　☐皮膚沒有傷口或發炎
☐耳道乾淨　☐與平時一樣抓貓抓板　☐無牙結石、牙齦炎、口臭

主題：　　年　　月　　日

＋
照片

☐精力充沛　☐食欲正常　☐大小便正常
☐一樣愛梳理毛髮　☐眼睛沒有異常　☐皮膚沒有傷口或發炎
☐耳道乾淨　☐與平時一樣抓貓抓板　☐無牙結石、牙齦炎、口臭

主題：　　年　　月　　日

＋
照片

☐精力充沛　☐食欲正常　☐大小便正常
☐一樣愛梳理毛髮　☐眼睛沒有異常　☐皮膚沒有傷口或發炎
☐耳道乾淨　☐與平時一樣抓貓抓板　☐無牙結石、牙齦炎、口臭

主題：　　年　　月　　日

＋
照片

☐精力充沛　☐食欲正常　☐大小便正常
☐一樣愛梳理毛髮　☐眼睛沒有異常　☐皮膚沒有傷口或發炎
☐耳道乾淨　☐與平時一樣抓貓抓板　☐無牙結石、牙齦炎、口臭

主題：　　　　年　　月　　日

＋
照片

☐精力充沛　☐食欲正常　☐大小便正常
☐一樣愛梳理毛髮　☐眼睛沒有異常　☐皮膚沒有傷口或發炎
☐耳道乾淨　☐與平時一樣抓貓抓板　☐無牙結石、牙齦炎、口臭

主題：　　　　年　　月　　日

＋
照片

☐精力充沛　☐食欲正常　☐大小便正常
☐一樣愛梳理毛髮　☐眼睛沒有異常　☐皮膚沒有傷口或發炎
☐耳道乾淨　☐與平時一樣抓貓抓板　☐無牙結石、牙齦炎、口臭

主題：　　　　年　　月　　日

＋
照片

☐精力充沛　☐食欲正常　☐大小便正常
☐一樣愛梳理毛髮　☐眼睛沒有異常　☐皮膚沒有傷口或發炎
☐耳道乾淨　☐與平時一樣抓貓抓板　☐無牙結石、牙齦炎、口臭

主題：　　　　年　　月　　日

＋
照片

☐精力充沛　☐食欲正常　☐大小便正常
☐一樣愛梳理毛髮　☐眼睛沒有異常　☐皮膚沒有傷口或發炎
☐耳道乾淨　☐與平時一樣抓貓抓板　☐無牙結石、牙齦炎、口臭

Daily Diary

主題：　　年　月　日

＋
照片

☐精力充沛　☐食欲正常　☐大小便正常
☐一樣愛梳理毛髮　☐眼睛沒有異常　☐皮膚沒有傷口或發炎
☐耳道乾淨　☐與平時一樣抓貓抓板　☐無牙結石、牙齦炎、口臭

主題：　　年　月　日

＋
照片

☐精力充沛　☐食欲正常　☐大小便正常
☐一樣愛梳理毛髮　☐眼睛沒有異常　☐皮膚沒有傷口或發炎
☐耳道乾淨　☐與平時一樣抓貓抓板　☐無牙結石、牙齦炎、口臭

主題：　　年　月　日

＋
照片

☐精力充沛　☐食欲正常　☐大小便正常
☐一樣愛梳理毛髮　☐眼睛沒有異常　☐皮膚沒有傷口或發炎
☐耳道乾淨　☐與平時一樣抓貓抓板　☐無牙結石、牙齦炎、口臭

主題：　　年　月　日

＋
照片

☐精力充沛　☐食欲正常　☐大小便正常
☐一樣愛梳理毛髮　☐眼睛沒有異常　☐皮膚沒有傷口或發炎
☐耳道乾淨　☐與平時一樣抓貓抓板　☐無牙結石、牙齦炎、口臭

主題： 年 月 日

＋
照片

☐精力充沛 ☐食欲正常 ☐大小便正常
☐一樣愛梳理毛髮 ☐眼睛沒有異常 ☐皮膚沒有傷口或發炎
☐耳道乾淨 ☐與平時一樣抓貓抓板 ☐無牙結石、牙齦炎、口臭

主題： 年 月 日

＋
照片

☐精力充沛 ☐食欲正常 ☐大小便正常
☐一樣愛梳理毛髮 ☐眼睛沒有異常 ☐皮膚沒有傷口或發炎
☐耳道乾淨 ☐與平時一樣抓貓抓板 ☐無牙結石、牙齦炎、口臭

主題： 年 月 日

＋
照片

☐精力充沛 ☐食欲正常 ☐大小便正常
☐一樣愛梳理毛髮 ☐眼睛沒有異常 ☐皮膚沒有傷口或發炎
☐耳道乾淨 ☐與平時一樣抓貓抓板 ☐無牙結石、牙齦炎、口臭

主題： 年 月 日

＋
照片

☐精力充沛 ☐食欲正常 ☐大小便正常
☐一樣愛梳理毛髮 ☐眼睛沒有異常 ☐皮膚沒有傷口或發炎
☐耳道乾淨 ☐與平時一樣抓貓抓板 ☐無牙結石、牙齦炎、口臭

Daily Diary

主題：　　年　　月　　日

＋
照片

□精力充沛　□食欲正常　□大小便正常
□一樣愛梳理毛髮　□眼睛沒有異常　□皮膚沒有傷口或發炎
□耳道乾淨　□與平時一樣抓貓抓板　□無牙結石、牙齦炎、口臭

主題：　　年　　月　　日

＋
照片

□精力充沛　□食欲正常　□大小便正常
□一樣愛梳理毛髮　□眼睛沒有異常　□皮膚沒有傷口或發炎
□耳道乾淨　□與平時一樣抓貓抓板　□無牙結石、牙齦炎、口臭

主題：　　年　　月　　日

＋
照片

□精力充沛　□食欲正常　□大小便正常
□一樣愛梳理毛髮　□眼睛沒有異常　□皮膚沒有傷口或發炎
□耳道乾淨　□與平時一樣抓貓抓板　□無牙結石、牙齦炎、口臭

主題：　　年　　月　　日

＋
照片

□精力充沛　□食欲正常　□大小便正常
□一樣愛梳理毛髮　□眼睛沒有異常　□皮膚沒有傷口或發炎
□耳道乾淨　□與平時一樣抓貓抓板　□無牙結石、牙齦炎、口臭

＋
照片

主題： 年 月 日

☐精力充沛 ☐食欲正常 ☐大小便正常
☐一樣愛梳理毛髮 ☐眼睛沒有異常 ☐皮膚沒有傷口或發炎
☐耳道乾淨 ☐與平時一樣抓貓抓板 ☐無牙結石、牙齦炎、口臭

＋
照片

主題： 年 月 日

☐精力充沛 ☐食欲正常 ☐大小便正常
☐一樣愛梳理毛髮 ☐眼睛沒有異常 ☐皮膚沒有傷口或發炎
☐耳道乾淨 ☐與平時一樣抓貓抓板 ☐無牙結石、牙齦炎、口臭

＋
照片

主題： 年 月 日

☐精力充沛 ☐食欲正常 ☐大小便正常
☐一樣愛梳理毛髮 ☐眼睛沒有異常 ☐皮膚沒有傷口或發炎
☐耳道乾淨 ☐與平時一樣抓貓抓板 ☐無牙結石、牙齦炎、口臭

＋
照片

主題： 年 月 日

☐精力充沛 ☐食欲正常 ☐大小便正常
☐一樣愛梳理毛髮 ☐眼睛沒有異常 ☐皮膚沒有傷口或發炎
☐耳道乾淨 ☐與平時一樣抓貓抓板 ☐無牙結石、牙齦炎、口臭

Daily Diary

＋
照片

主題： 年 月 日

☐精力充沛 ☐食欲正常 ☐大小便正常
☐一樣愛梳理毛髮 ☐眼睛沒有異常 ☐皮膚沒有傷口或發炎
☐耳道乾淨 ☐與平時一樣抓貓抓板 ☐無牙結石、牙齦炎、口臭

＋
照片

主題： 年 月 日

☐精力充沛 ☐食欲正常 ☐大小便正常
☐一樣愛梳理毛髮 ☐眼睛沒有異常 ☐皮膚沒有傷口或發炎
☐耳道乾淨 ☐與平時一樣抓貓抓板 ☐無牙結石、牙齦炎、口臭

＋
照片

主題： 年 月 日

☐精力充沛 ☐食欲正常 ☐大小便正常
☐一樣愛梳理毛髮 ☐眼睛沒有異常 ☐皮膚沒有傷口或發炎
☐耳道乾淨 ☐與平時一樣抓貓抓板 ☐無牙結石、牙齦炎、口臭

＋
照片

主題： 年 月 日

☐精力充沛 ☐食欲正常 ☐大小便正常
☐一樣愛梳理毛髮 ☐眼睛沒有異常 ☐皮膚沒有傷口或發炎
☐耳道乾淨 ☐與平時一樣抓貓抓板 ☐無牙結石、牙齦炎、口臭

+
照片

主題： 年 月 日

☐精力充沛 ☐食欲正常 ☐大小便正常
☐一樣愛梳理毛髮 ☐眼睛沒有異常 ☐皮膚沒有傷口或發炎
☐耳道乾淨 ☐與平時一樣抓貓抓板 ☐無牙結石、牙齦炎、口臭

+
照片

主題： 年 月 日

☐精力充沛 ☐食欲正常 ☐大小便正常
☐一樣愛梳理毛髮 ☐眼睛沒有異常 ☐皮膚沒有傷口或發炎
☐耳道乾淨 ☐與平時一樣抓貓抓板 ☐無牙結石、牙齦炎、口臭

+
照片

主題： 年 月 日

☐精力充沛 ☐食欲正常 ☐大小便正常
☐一樣愛梳理毛髮 ☐眼睛沒有異常 ☐皮膚沒有傷口或發炎
☐耳道乾淨 ☐與平時一樣抓貓抓板 ☐無牙結石、牙齦炎、口臭

+
照片

主題： 年 月 日

☐精力充沛 ☐食欲正常 ☐大小便正常
☐一樣愛梳理毛髮 ☐眼睛沒有異常 ☐皮膚沒有傷口或發炎
☐耳道乾淨 ☐與平時一樣抓貓抓板 ☐無牙結石、牙齦炎、口臭

Daily Diary

＋
照片

主題：　　　年　　月　　日

□精力充沛　□食欲正常　□大小便正常
□一樣愛梳理毛髮　□眼睛沒有異常　□皮膚沒有傷口或發炎
□耳道乾淨　□與平時一樣抓貓抓板　□無牙結石、牙齦炎、口臭

＋
照片

主題：　　　年　　月　　日

□精力充沛　□食欲正常　□大小便正常
□一樣愛梳理毛髮　□眼睛沒有異常　□皮膚沒有傷口或發炎
□耳道乾淨　□與平時一樣抓貓抓板　□無牙結石、牙齦炎、口臭

＋
照片

主題：　　　年　　月　　日

□精力充沛　□食欲正常　□大小便正常
□一樣愛梳理毛髮　□眼睛沒有異常　□皮膚沒有傷口或發炎
□耳道乾淨　□與平時一樣抓貓抓板　□無牙結石、牙齦炎、口臭

＋
照片

主題：　　　年　　月　　日

□精力充沛　□食欲正常　□大小便正常
□一樣愛梳理毛髮　□眼睛沒有異常　□皮膚沒有傷口或發炎
□耳道乾淨　□與平時一樣抓貓抓板　□無牙結石、牙齦炎、口臭

主題：　年　月　日

＋
照片

☐精力充沛　☐食欲正常　☐大小便正常
☐一樣愛梳理毛髮　☐眼睛沒有異常　☐皮膚沒有傷口或發炎
☐耳道乾淨　☐與平時一樣抓貓抓板　☐無牙結石、牙齦炎、口臭

主題：　年　月　日

＋
照片

☐精力充沛　☐食欲正常　☐大小便正常
☐一樣愛梳理毛髮　☐眼睛沒有異常　☐皮膚沒有傷口或發炎
☐耳道乾淨　☐與平時一樣抓貓抓板　☐無牙結石、牙齦炎、口臭

主題：　年　月　日

＋
照片

☐精力充沛　☐食欲正常　☐大小便正常
☐一樣愛梳理毛髮　☐眼睛沒有異常　☐皮膚沒有傷口或發炎
☐耳道乾淨　☐與平時一樣抓貓抓板　☐無牙結石、牙齦炎、口臭

主題：　年　月　日

＋
照片

☐精力充沛　☐食欲正常　☐大小便正常
☐一樣愛梳理毛髮　☐眼睛沒有異常　☐皮膚沒有傷口或發炎
☐耳道乾淨　☐與平時一樣抓貓抓板　☐無牙結石、牙齦炎、口臭

貓孩的儲蓄帳戶

·存款日期：

·存款月份數：

·自動轉帳日期：

·月存款金額：

貓寶貝名字：

貓主人名字：

帳後，請確認戶頭金額

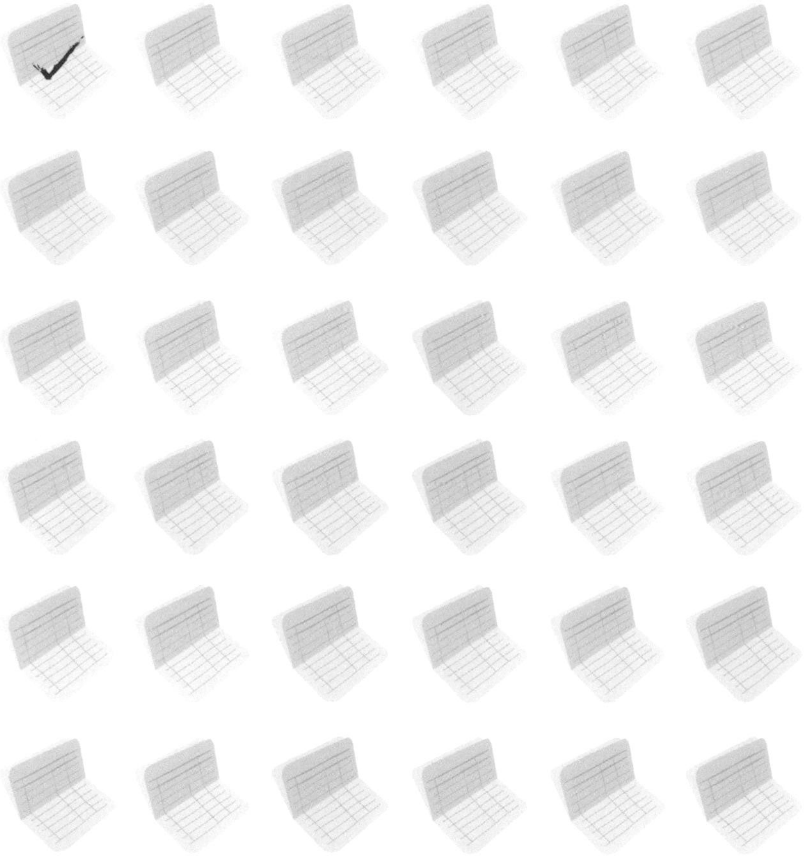

·**到期金額**：

PART 4.

貓管家的家計簿

- ☑ 貓孩的儲蓄帳戶
- ☑ 管家的月支出
- ☑ 管家的日支出

管家的

每月支出

.... year

Jan. ₩:
₩:
₩:
Total
₩:
Memo.

Feb. ₩:
₩:
₩:
Total
₩:
Memo.

Mar. ₩:
₩:
₩:
Total
₩:
Memo.

Apr. ₩:
₩:
₩:
Total
₩:
Memo.

May. ₩:
₩:
₩:
Total
₩:
Memo.

Jun. ₩:
₩:
₩:
Total
₩:
Memo.

Jul. ₩:
₩:
₩:
Total
₩:
Memo.

Aug. ₩:
₩:
₩:
Total
₩:
Memo.

Sep. ₩:
₩:
₩:
Total
₩:
Memo.

Oct. ₩:
₩:
₩:
Total
₩:
Memo.

Nov. ₩:
₩:
₩:
Total
₩:
Memo.

Dec. ₩:
₩:
₩:
Total
₩:
Memo.

管家的
每月支出

.... year

Month			
Jan.	₩:	Total	
	₩:	₩:	
	₩:	Memo.	
Feb.	₩:	Total	
	₩:	₩	
	₩:	Memo.	
Mar.	₩:	Total	
	₩:	₩:	
	₩:	Memo.	
Apr.	₩:	Total	
	₩:	₩:	
	₩:	Memo.	
May.	₩:	Total	
	₩:	₩:	
	₩:	Memo.	
Jun.	₩:	Total	
	₩:	₩:	
	₩:	Memo.	
Jul.	₩:	Total	
	₩:	₩:	
	₩:	Memo.	
Aug.	₩:	Total	
	₩:	₩:	
	₩.	Memo.	
Sep.	₩:	Total	
	₩:	₩:	
	₩:	Memo.	
Oct.	₩:	Total	
	₩:	₩:	
	₩:	Memo.	
Nov.	₩:	Total	
	₩:	₩:	
	₩:	Memo.	
Dec.	₩:	Total	
	₩:	₩:	
	₩:	Memo.	

管家的
每日支出

year

Date: /

₩:

₩:

₩:

₩:

Total ₩:

Memo.

Date: /

₩:

₩:

₩:

₩:

Total ₩

Memo.

Date: /

₩:

₩:

₩:

₩:

Total ₩

Memo.

Date: /

₩:

₩:

₩:

₩:

Total ₩

Memo.

Date: /

₩:

₩:

₩:

₩:

Total ₩

Memo.

Date: /

₩:

₩:

₩:

₩:

Total ₩

Memo.

Date: /

₩:

₩:

₩:

₩:

Total ₩

Memo.

Date: /

₩:

₩:

₩:

₩:

Total ₩

Memo.

Date: /

₩:

₩:

₩:

₩:

Total ₩

Memo.

管家的
每日支出

.... year

Date: /

₩:
₩:
₩:
₩:

Total ₩

Memo.

Date: /

₩:
₩:
₩:
₩:

Total ₩

Memo.

Date: /

₩:
₩:
₩:
₩:

Total ₩

Memo.

Date: /

₩:
₩:
₩:
₩:

Total ₩

Memo.

Date: /

₩:
₩:
₩:
₩:

Total ₩

Memo.

Date: /

₩:
₩:
₩:
₩:

Total ₩

Memo.

Date: /

₩:
₩:
₩:
₩:

Total ₩

Memo.

Date: /

₩:
₩:
₩:
₩:

Total ₩

Memo.

Date: /

₩:
₩:
₩:
₩:

Total ₩

Memo.

管家的

每日支出

year

Date: /

₩:

₩:

₩:

₩:

Total ₩:

Memo.

Date: /

₩:

₩:

₩:

₩:

Total ₩

Memo.

Date: /

₩:

₩:

₩:

₩:

Total ₩

Memo.

Date: /

₩:

₩:

₩:

₩:

Total ₩

Memo.

Date: /

₩:

₩:

₩:

₩:

Total ₩

Memo.

Date: /

₩:

₩:

₩:

₩:

Total ₩

Memo.

Date: /

₩:

₩:

₩:

₩:

Total ₩

Memo.

Date: /

₩:

₩:

₩:

₩:

Total ₩

Memo.

Date: /

₩:

₩:

₩:

₩:

Total ₩

Memo.

管家的
每日支出

year

Date: /

₩:

₩:

₩:

₩:

Total ₩

Memo.

Date: /

₩:

₩:

₩:

₩:

Total ₩

Memo.

Date: /

₩:

₩:

₩:

₩:

Total ₩

Memo.

Date: /

₩:

₩:

₩:

₩:

Total ₩

Memo.

Date: /

₩:

₩:

₩:

₩:

Total ₩

Memo.

Date: /

₩:

₩:

₩:

₩:

Total ₩

Momo.

Date: /

₩:

₩:

₩:

₩:

Total ₩

Memo.

Date: /

₩:

₩:

₩:

₩:

Total ₩

Memo.

Date: /

₩:

₩:

₩:

₩:

Total ₩

Memo.

管家的
每日支出

year

Date: /

₩:
₩:
₩:
₩:

Total ₩:

Memo.

Date: /

₩:
₩:
₩:
₩:

Total ₩

Memo.

Date: /

₩:
₩:
₩:
₩:

Total ₩

Memo.

Date: /

₩:
₩:
₩:
₩:

Total ₩

Memo.

Date: /

₩:
₩:
₩:
₩:

Total ₩

Memo.

Date: /

₩:
₩:
₩:
₩:

Total ₩

Memo.

Date: /

₩:
₩:
₩:
₩:

Total ₩

Memo.

Date: /

₩:
₩:
₩:
₩:

Total ₩

Memo.

Date: /

₩:
₩:
₩:
₩:

Total ₩

Memo.

管家的

每日支出

.... year

Date: /

₩:

₩:

₩:

₩:

Total ₩

Memo.

Date: /

₩:

₩:

₩:

₩:

Total ₩

Memo.

Date: /

₩:

₩:

₩:

₩:

Total ₩

Memo.

Date: /

₩:

₩:

₩:

₩:

Total ₩

Memo.

Date: /

₩:

₩:

₩:

₩:

Total ₩

Memo.

Date: /

₩:

₩:

₩:

₩:

Total ₩

Memo.

Date: /

₩:

₩:

₩:

₩:

Total ₩

Memo.

Date: /

₩:

₩:

₩:

₩:

Total ₩

Memo.

Date: /

₩:

₩:

₩:

₩:

Total ₩

Memo.

memo.

memo.

memo.